U0604702

成长不烦恼
—— 心理专家来解答

主　编　范丽君　黄劲松
副主编　张晓南　姜　琳

北方联合出版传媒（集团）股份有限公司
辽宁科学技术出版社

图书在版编目（CIP）数据

成长不烦恼：心理专家来解答 / 范丽君，黄劲松主编.
沈阳：辽宁科学技术出版社，2024.12. -- ISBN 978-7
-5591-4002-9

Ⅰ.B844-49

中国国家版本馆 CIP 数据核字第 2024V661U0 号

出版发行：辽宁科学技术出版社
　　　　　（地址：沈阳市和平区十一纬路25号　邮编：110003）
印　刷　者：辽宁新华印务有限公司
经　销　者：各地新华书店
幅面尺寸：170 mm × 240 mm
印　　张：11
字　　数：240千字
出版时间：2024 年 12 月第 1 版
印刷时间：2024 年 12 月第 1 次印刷
责任编辑：卢山秀
封面设计：郭芷夷
责任校对：王玉宝

书　　号：ISBN 978-7-5591-4002-9
定　　价：59.80元

本书编委会

主　编：范丽君　黄劲松
副主编：张晓南　姜　琳
编　者：（按姓氏拼音排序）
　　　　陈保平　程洋英林　董　晔　胡昕华　李　平
　　　　李　双　李　奕　刘　宏　任传波　宋晓红
　　　　许俊亭　张欢欢　张宇楠　赵　爽

序一

本书是大连市第七人民医院精神科医生的作品。说实在的，精神科医生每天诊断和治疗的个体均有比较严重的精神障碍，这是以前人们对精神科医生的职业和工作对象的刻板印象。

实际上，本书编写的初衷是为了关注儿童、青少年心理健康需要是否获得重视的问题，或者说在儿童、青少年成长中应该注意到的心理健康环节。每位家长在儿童成长过程中都会体会到做家长的不易，老师也会觉得教育儿童、青少年不易，孩子们也会说我们自己成长的不易，这种不易或者烦恼就是问题，是孩子成长过程中的烦恼，是家长和老师感受到的烦恼。

针对这些烦恼，大连市第七人民医院的精神科医生出手了，对儿童成长、家庭养育、亲子关系、学业成就等各个方面可能遇到的问题进行了比较全面和系统的描述，同时，针对这些问题给出了浅显易懂且可操作的干预方法和策略，使读者面对儿童、青少年心理问题时能够帮助到孩子，遇到困难去面对，有了烦恼去解惑。最终，能够使儿童、青少年成长过程中的烦恼减轻甚至消失。

本书的编写框架：首先，以案例的形式呈现出有关问题，案例全部来自作者的临床所见，内容具体、简明扼要；其次，画龙点睛般地分析问题的原因和发生机制，使读者了解问题的症结所在；最后，给出具体且具有可操作性的处理方法和手段，达到解决问题、消除烦恼的目的。

本书的内容比较宽泛，就儿童、青少年在成长过程中可能遇到的问题尽量全面地呈现出来，全而不琐，简中有繁。写了一稿又一稿，改了一遍又一遍，作者自己反而体会到了烦恼。但是，不管如何，最终还是写出来了，以图书的形式呈现给读者。

最重要的是，希望本书的出版能够帮到儿童、青少年及其家长、老师和有志于儿童、青少年心理健康促进事业的朋友。是目的，也是追求。

上海交通大学医学院附属精神卫生中心

教授、博士生导师

杜亚松

2024 年 8 月 15 日

序二

有人用童年治愈一生，有人用一生治愈童年。儿童时期是心理问题、情绪问题及行为问题发生的高危时期，大约 3/4 的心理障碍都出现在这一时期。《中国国民心理健康发展报告（2019—2020）》指出：全国中小学生存在不同程度抑郁症状的总体比例超过 24%，且随着年级升高而上升。从用户调研数据来看，处于中学阶段的儿童出现情绪不稳定等心理问题倾向的比例最高，达到 17.3%。近年来，儿童、青少年心理行为问题发生率和精神障碍患病率逐渐上升，且呈现"低龄化"发展趋势，神经发育障碍发病率日益升高（如孤独症），且仍存在诊断率低、识别晚的问题。绝大多数家长，对于儿童在成长过程中表现出的身心健康、学习状态和生活习惯等方面的问题，普遍感到焦虑。一个有心理问题的孩子背后，大概率会有一个问题家庭。儿童在成长的过程中会出现种种心理需求，这些心理需求得不到满足，就会酿成心理上的缺失，而缺失的部分又会演变成伤痕，扭曲成种种病变，演化为不正常的思维模式和奇怪的行为举止，让家长们倍感焦虑。遗憾的是，在心理健康教育缺位的情况下，家长们普遍不能知晓孩子们究竟想要什么，病痛总是在不知不觉中造成，伤痕也总是在不知不觉中积累。由此可见，儿童、青少年心理问题距离每一个家庭都不遥远，儿童、青少年心理健康科普工作势在必行，刻不容缓。

本书旨在为广大家长、教育工作者以及对儿童心理健康感兴趣的读者提供一个全面的科普读本。我们希望通过本书，能够让更多的人了解儿童、青少年心理健康的基本知识，认识到心理健康在孩子成长过程中的关键作用，并学会如何有效地支持和促进孩子的心理健康成长。

儿童、青少年心理问题涵盖了一系列的情绪、行为和心理发展问题。这些问题不断地破坏着孩子的学习能力、社交能力乃至生存能力，在成长的路途上布下了众多深不见底的心灵陷阱，断送了无数孩子原本光辉灿烂的前途。儿童、青少年在成长过程中会遇到哪些烦恼？作为家长，面对孩子的心理问题，事前如何避免、事后如何解决？这些是本书主要探讨的议题。

本书在杜亚松教授的指导下，邀请了大连市第七人民医院 16 位致力于儿童、青少年心理健康领域的临床一线专家，还有致力于心理健康工作的赵爽医生和心理咨询师宋晓红，汇总了各位专家多年的工作心得，力求做到既有科学性又有实操性，我们注重用平实朴素的语言表达专业知识，便于大家理解。本书不仅关注了儿童个体的心理状态，还强调了家庭、学校和社会环境对儿童心理健康的深远影响。我们提倡采取综合性的干预措施，包括家庭教育的优化、学校心理辅导的加强以及社会支持体系的建立，共同为孩子打造一个有利于心理健康成长的环境。

本书分为养育篇、情绪篇、行为篇、学习篇、成长篇、性心理篇、危机干预篇和治疗篇这8个篇章，筛选列举了80个常见现象或问题，并结合临床实践中的具体案例给出具体分析，并有针对性地提出解决方法，基本涵盖了家长在陪伴孩子成长过程中遇到的各种问题。有的问题困扰家长许久，有的问题长期不受重视，有的问题不能被正确对待导致问题愈加严重。愿读者看完此书，所有的问题都不再是问题。问题有答案，成长不烦恼。

感谢辽宁科学技术出版社对本书的大力支持，感谢责任编辑的尽心指导与辛苦校正。感谢杜亚松教授的倡导和指引。感谢全体编写人员在繁忙的医务工作之余，利用业余时间倾力编写，焚膏继晷，宵衣旰食，将毕生所学与对儿童、青少年的关爱之情诉诸笔端，写入此书。

孩子的心理健康与家庭的命运环环相扣，与民族的未来息息相关，每一个孩子的心理健康都是家庭中的大事件。成长的道路并非一条坦途，心灵的港湾也不会风平浪静，让我们携手并肩，不懈前行。

本书编写历经10个月，难免有错漏之处，希望能得到广大读者的理解，欢迎批评指正。

大连市第七人民医院儿少精神科
2024 年 8 月

目录

行为篇 /055

学习篇 /079

养育篇

1 注意力不集中是问题吗？   —— 任传波

【案例】

小华，7 岁女孩，小学一年级，妈妈陪同就诊。孩子上学半年来，老师反映孩子上课时虽然能安静听课，也不捣乱，但经常走神、溜号，做题马虎，丢三落四。在家做作业时经常拖沓，本来 20 分钟就可以做完的事情，经常需要 1 个多小时。家人长期陪伴督促其学习则学习效果就好，如果不陪伴则学习成绩一落千丈。老师建议家长带孩子到心理医院看看。经过问诊及检查后考虑：注意缺陷障碍，其核心就是注意力不集中。

【问题】

◉ 注意力不集中是问题吗？

（一）什么是注意力

注意力是指孩子精神及心理活动能集中于特定事物上，并持续一段时间。通常称为"专心"。分为主动注意和被动注意，主动注意指的是人们有意识地、自主地选择关注某一特定对象或任务。被动注意力是指没有预定，不需要意志努力的注意力。

（二）注意力不集中的原因

1. 生理因素：婴幼儿的大脑和神经系统没有发育成熟，心理学研究发现：

2～3 岁的幼儿能集中注意力 10 分钟左右；4～6 岁的孩子，聚精会神地注意单一事物的时间大约只有 15 分钟；而 7～10 岁的孩子可以持续 20 分钟；到了 10～12 岁，就可以持续 25 分钟。

2. 病理因素：听觉 / 视觉障碍、铅中毒。

3. 环境原因：混乱 / 嘈杂 / 干扰过多。

4. 食物原因：食入含过多咖啡因的食物，营养不均衡。

5. 教养原因：宠爱过分，玩具过多，社交频繁。

（三）注意力不集中有何表现

1. 上课不能专心听讲，经常分心、溜号、走神、发呆，东张西望。

2. 上课时经常凝视一处，眼望老师，但脑子里不知想些什么，老师的提问经常被他屏蔽。

3. 写作业时拖沓，经常边写边玩，做题马虎、粗心大意，经常读错、写错，甚至抄错东西。

4. 在课堂上好动、爱做小动作，爱发脾气，不自信，爱捉弄人；对家长的指令心不在焉，似听非听。

5. 做事有始无终，经常半途而废。

（四）注意力不集中的改善

1. 要明确注意力不集中的原因，给予对症治疗。

2. 到专业机构给予心理治疗、物理治疗及康复训练，可以得到有效的矫正。

3. 经过评估达到注意缺陷障碍，就需要药物治疗和心理治疗。

2 亲子关系紧张怎么办？

—— 姜琳

【案例】

小宇从小一直很乖，很听话，但最近经常发脾气，晚上放学，拉着一张脸，很不高兴的样子。家人问："你回来了？"孩子则没好气地说："回来怎么了？"父亲若要教育他几句，就砰地关上房门，不再出来，与父亲发生矛盾。家人都不敢大声说话，否则如果惹他不顺心就喊叫，打骂父亲，甚至摔东西。母亲想和他谈心，他说母亲不理解他，不愿意说话并掀翻桌子。家长想带他出门散心，他却根本不出去。家长非常苦恼，不能理解孩子怎么发生这么大变化，前来咨询寻求帮助。

【问题】

● 亲子关系紧张怎么办？

亲子关系是指父母与子女的关系。不同的家庭存在不同的亲子关系模式，不同的模式造就不同的互动关系。

在儿童生命的早期，亲子关系主要是依附关系，这被看作是婴儿生存的本能，即婴儿因此而获得舒适、安全。这种心理背景，有利于形成稳定和平衡的人格发育，也有利于智力的发育。这种关系实际上是双向的，母爱成为依附最有利的给予者。这种依附的关系在童年早期通常为合理的饮食、舒适的照顾、肢体的接触等。在孩子逐渐成长，进入学校后，逐渐变成情感的依附。缺乏依附就相当于缺乏"靠山"，就会产生焦虑。如孩子因各种原因与母亲分开，长托、寄养等都是原因。

在家庭中不同的管理方法也会产生不同的亲子关系。如有专制型的家长，孩子的一切情况都要家长决定和控制，甚至孩子要交什么样的朋友、穿什么衣服都要获得家长的允许，这种关系下成长的孩子容易出现冷漠或有攻击性。放任型的家长，完全不干预孩子的活动，对其一切不闻不问，不表扬也没有犯错后的惩戒，这样的孩子会呈现出自由散漫、不关心他人的特性。民主型的家长，会与孩子商量决定他们的活动，尊重孩子的想法，适当地表达自己的情感及建议，会培养出积极和情绪稳定的孩子。

孩子在学业或人际关系上遇到困难时，可能会出现情绪问题，由于表达及情感控制能力等不足，孩子会在发生困难之外的场合出现问题行为，如在学校出现困难，会在家里发脾气；在家庭中出现的问题，会在学校出现困难，如不去上学等。建议到精神卫生医院或专业的心理医生处就诊、甄别。

预防亲子关系的问题，要从建立良好的依附关系开始，即父母在婴儿期给予安全舒适的照顾，身体的接触、爱抚，情感的回应，在成长中逐渐在孩子能够自我照料后给予良好的情感依附，在孩子跟家长谈论学校、生活中的情况时给予积极回应、指导和依靠。

如果发现自己的家庭教养模式存在问题，可及时修正。帮助孩子接触生活中的困难，也同样能改善亲子关系。例如上述案例，家长可以在孩子平静状态下与其探讨最近是否有什么困难，指导孩子战胜困难。回顾自己的家庭教养模式，如果家长对其干涉过多，则要适当放手，给孩子一定的尊重与信任，改善情感上的依附关系。如果感觉无从判断，仍处于迷茫之中，可求助于心理咨询师或精神科医生。

3 性格是可以改变的吗？

—— 李平

【案例】

女孩，8岁。自出生起表现出胆小，怕见生人，整日围绕在妈妈身边，不让父母出门。上幼儿园曾表现出严重的分离焦虑。上学后话少、害羞，不敢主动交往，朋友较少，但和性情相合的孩子相处较好。经过咨询，原生家庭并无明显特殊，而且家长感觉孩子随着年龄的增长越来越能适应各种场合，但家长觉得孩子性格太内向，希望帮助孩子变得"开朗些""主动些"。

【问题】

● 性格是可以改变的吗？

我们知道一个人打一出生就具有一定的特质，正所谓"一母生九子，九子各不同"，比如有的喜好动、有的喜好静，有的活泼、有的稳重，这就是一个人与生俱来的"气质"特点。气质是个体典型的、稳定的心理过程中动力方面的特点，这些特点以同样方式表现在各种活动中，不以活动的内容、目的或动机为转移。气质在起源上是生物性的、与生俱来的，以神经活动类型为基础，相对稳定且不易变化。然而人的一生是需要不断地学习的，或接受成长中的环境影响或接受系统的学习教育，这个过程中产生了思想和认知的变化与发展，会影响人的态度、思想和行为，从而表现为人不同阶段的不同性格。性格是指个体对现实的态度和行为方式中比较稳定的、具有核心意义的个性心理特征。由此可见，性格是可以改变的。

从以上案例看，孩子自出生起表现胆小、被动是其"气质"特点，作为家长，首先要知道性格没有绝对的好和坏，任何性格特点都有其优势也有其不足，家长可以在孩子气质特点的基础上，特别是在其幼儿及青少年早期，帮助孩子扬长补短，塑造良好的性格特点。

● 家长怎么办？

首先，性格表现和价值观有关。家庭作为孩子成长的首要环境构成，家长要注重打造和谐稳定的家庭环境，要以身作则，在孩子成长道路上言传身教、因势利导，帮助其树立正确的行为规则及价值观。

其次，如今自媒体时代，孩子接受的信息量巨大，在孩子成长阶段，特别是幼儿时期家长千万不要图一时轻松把孩子交给电子产品，一些不良视频及文学作品会在潜移默化中影响孩子的情绪及认知，家长有必要对孩子接触的媒体信息进行筛选。

最后，在孩子幼儿期，家长可以帮助孩子塑造一定环境，帮助其改善一些短板，比如有的孩子比较胆小、害羞，家长可以带孩子参加一些亲子活动或者集体表演，鼓励孩子在人多的场合表达自己，过程中不要急于求成地对孩子强迫及指责，要循序渐进地提供支持和鼓励。比如有些孩子在和同伴交往中难以融入或者总有冲突或矛盾，家长可以通过组织小型聚会等方式，带动孩子融入集体环境，也要注意观察孩子在人际交往方面存在的问题，引导孩子正确处理人际关系。

当然有些看似内向、情绪冲动和交往困难的孩子，也有可能存在情绪问题、社交障碍问题甚至神经发育障碍，如果发现孩子和同龄儿有明显的差异一定要引起重视，早期求助专业的医疗机构。

4 为什么孩子在母亲和父亲面前表现不一样?

—— 姜琳

【案例】

淘淘,6岁。特别依赖妈妈,在妈妈身边总是什么都不自己做,让妈妈拿这拿那,穿衣服、系鞋带都不能独立完成,晚上睡觉也必须妈妈陪在身边,不能离开一刻。出去要什么妈妈必须马上满足,若妈妈没能达成其愿望,就发脾气、大哭大闹,或者躺在地上打滚。直到妈妈达成其心愿,或前来抱起他,或给其道歉才能好转。但在爸爸面前则老实乖巧,自己的事情自己做,也不随意发脾气,爸爸要求写作业,都能及时完成。为什么孩子在父母面前表现不一致呢?

【问题】

• 为什么孩子在母亲和父亲面前表现不一样?

孩子的成长与生态环境有关。孩子的成长过程不仅与基因有关,还会受周围环境的影响,即孩子身边的人给孩子的期待、反馈、要求,邻里关系、道德要求,医疗、教育、法制制度等都影响着孩子的表现。

　　孩子在父母面前表现不一致，其实是孩子成长的一个表现，即孩子发现了父母对他／她的管理方式不同，对他／她的行为反馈不同，而周围人对这种不同存在差异的认可程度。比如妈妈在家中如果对孩子的要求没有及时给予处理，会受到其他家人的指责，而父亲则不会对孩子的哭闹退让，反而会招来进一步的惩罚，其他家人则不会干涉父亲对他／她的管束，甚至赞扬父亲的做法。

　　在心理成长方面，孩子会选择有利于自己的方式去模仿或实施。即模仿家中成为强者的一方。如在家中父亲处于主导位置，则孩子的行为模式倾向于模仿父亲，向父亲认同，不接受母亲与父亲不一致的观点或行为模式。

　　在父母面前的不一致表现有时也会造成父母的矛盾与冲突，父母会在矛盾冲突中减少对孩子的某些方面的关注，如学习的要求和管控等，有时孩子会因获益或回避不喜欢的事情而制造这种不一致，家长如果发现这种情况，减少面对孩子这种不一致的冲突是解决问题的方法。

　　随着孩子的成长，在父母面前表现得不一致会延伸到其他社交场合，我们称之为社会化，即面对不同的人表现出不同的状态，也可用圆滑、世故等词语形容类似的情况。如孩子到学校能尊重老师，见老师就行礼问好、文质彬彬，与同学嬉笑打闹时则口无遮拦、完全不顾形象等。

　　还有一种情况是疾病造成的，有种现象为双重或多重人格，通常出现在人格障碍或精神疾病（四种概念）中，如一个时间段表现为 A 人格特点，以 A 的口吻、习惯做事，另一个时间段表现为 B 人格特点，以 B 的口吻、习惯生活，甚至有更多不同的其他人格特点出现，这需要找精神科医生诊治。

　　在孩子的成长中，在父母面前有不同的表现其实是正常的。这是智力和能力随着年龄增长的体现。通常不必过于在意。如果存在非常严重的差异，给家人或孩子造成困扰，则要回顾孩子周围的生态环境，有无差异的反馈，要尽量调整父母或照料者的管理模式，让孩子能够在相对一致的管理要求下成长，不必因要去应付完全不同的要求而产生焦虑情绪和应对模式。这部分可以寻求家庭咨询师的帮助。如果出现疾病的情况，则要寻求精神科医生的帮助。

5　对于孩子交朋友家长能帮助做点什么?

—— 张晓南

【案例】

小航,男,9岁。小航一个朋友也没有,在学校几乎不说话,总是一个人待在角落。当同学和他说话时,小航会表现得十分恐惧,面部通红、语无伦次,甚至浑身颤抖。同学们嘲笑他是"哑巴""怪物",都不愿和他玩。小航对家长说他一来到学校,看到老师和同学们就感到紧张害怕、难以呼吸、想上厕所,甚至恶心想吐,每天都在紧张中度过。

【问题】

● 对于孩子交朋友家长能帮助做点什么?

首先,社交是人类的天性,家长要做的是帮助孩子释放这种天性。在孩子很小的时候,父母应该尽可能增加与孩子的互动,建立良好的亲子关系,这也是孩子出生以来最早的社交活动,家长可以在互动中传授社交技巧,引导孩子学会分享,学会合作,学会肢体语言与非肢体语言的运用等。比如吃饭的时候,家长把好吃的分享给孩子,之后再启发孩子把好吃的分享给家长。千万不要把好东西一股脑儿全给孩子,这样会让孩子变得自私。还可以和孩子一起搭积木、拼拼图、制作模型等,培养孩子的合作能力。懂分享、会合作的小孩总是很受欢迎。父母要为孩子创造一个有利于社交的环境,比如陪伴孩子参加亲子游戏、聚会等社交活动;培养孩子兴趣爱好,积极参加兴趣活动,从而结交志同道合的朋友。

其次,有些孩子与小航一样,患有"社交恐惧症"。"社恐"在网络上是一个玩笑,在医学上却是真实存在的。患病的孩子会对社交或自我表现产生恐惧,由于相信他人会对自己进行负面评价,因此害怕和回避社交。比如与人说话时会不可控制地脸红、头痛、发抖、恶心。他们不是不想交朋友,是根本没有能力交朋友。社交恐惧症有三大病因:遗传因素、神经生化因素和社会心理因素。这是一种疾病，就像感冒一样，不能被克服，只能被治愈。幼年和青少年时期社交恐惧症的治愈可能性较高，常见治疗方法有心理治疗与药物治疗。无论哪种方法都需要专业医生的指导，不要试图自己克服，一定要去心理专科医院就诊。随着年龄的增长，社交恐惧症治愈的希望会断崖式下降，早发现、早治疗至关重要。

最后，有些孩子性格内向，朋友很少。家长又是请同学来家里做客，又是带孩子去亲子游，抓住一切机会把孩子往其他孩子身边推，鼓励孩子和其他孩子玩。当这些努力不见成效时，家长便深感焦虑，担心孩子得了自闭症，带着孩子来看心理医生。这些孩子并没有患自闭症，只是性格内向，缺乏自信；也并非没有朋友，只是不多。只要不恐惧社交，性格内向其实没有问题。而家长千方百计地"社交训练"，反而会让孩子感觉自己有问题，变得自卑敏感。这时家长的帮助就产生了负面作用。面对这样的孩子，我们要更多地侧重于帮助孩子建立表达的自信。

6 如何应对老师对孩子行为问题的抱怨?

—— 姜琳

【案例】

军军上小学一年级,妈妈最近每天都接到老师打来的电话,不是孩子作业没带,就是上课没有认真听讲,玩橡皮,或者与同学发生矛盾,在走廊里面跑,踩踏学校草坪,跟同学在走廊里讲话、打闹,让班级扣分,写卷子不爱答,小测试没有完成,有时下午上课睡觉,不听老师的话等,妈妈对此感到怀疑,孩子在家挺好的呀,怎么到学校这么多问题,而且回家批评孩子也没有用,自己也无法干涉孩子在学校的行为。妈妈都快得了电话恐惧症了。

【问题】

● 如何应对老师对孩子行为问题的抱怨?

有时候父母看自己的孩子在家里一直都挺好的,怎么上学后就这么多问题呢?是不是老师找事?还是有什么别的想法?是自己与老师沟通得不够?还是沟通方式问题?

其实这个问题要辩证地看。从老师的角度,教书育人同时还能发现孩子的闪光点,具有积极意义,若发现孩子的问题,与家长沟通,让家长知道,是老师的工作,也是义务,知情是家长的权利。如何处理则考验家长的情商、智商。

从孩子的角度,也许孩子正好最近存在一些粗心大意恰好被老师注意到,也可能是有什么隐情孩子没有告诉老师,或没有听从老师的劝诫,因为孩子之间也有小秘密。也有可能孩子存在对学校的不适应情况,有可能孩子确实存在一定的问题,如多动、抽动或其他情绪问题。毕竟老师是从大多数孩子中发现孩子的不同之处。

从家长的角度,家长看孩子,通常只看自己这一个,没有对比,所以不了解孩子在大众中的水平,可能孩子存在一些疾病,在学校环境中,与大多数同学放在一起就会看出有明显的差别。另外，老师反馈的问题，可能老师只是发现了问题提醒家长，或老师存在他处理不了的问题，需要家长协助孩子。也有另一种可能，就是家长过于重视，反馈过于积极，导致更多的反馈，让老师认为要帮助孩子更加完美。

知己知彼，百战不殆。了解自己的孩子，知道孩子的脾气秉性，了解孩子的学习进度、生活能力，在孩子刚上学的时候，让孩子了解学校的规则，培养良好的学习习惯，教会其准备学习用品，逐渐规划时间安排，模拟练习同学交友训练等，可给予提醒、辅助，大一些的孩子则引导其与他人的合作，理解老师的情感表达方式，从学校的角度了解社会，并不是所有人都把他当宝贝，而是不同的场合有不同的要求和期待，他人也需要表达愤怒，不满，老师也不是完美的人，也有无能为力的时候。

作为父母，管理好自己的情绪尤为重要，当老师抱怨孩子时，家长首先要保持平静的心态，从客观的角度接受这是老师的工作职责。若孩子真的存在问题，家长也不要着急对孩子批评教育职责，先了解具体情况，再本着相信孩子的原则询问是否需要帮助。比如可以说"我听说有这样一个事情""如果是你会怎么办？"让孩子给家长提出办法，有可能你会发现，孩子已经解决了问题。如果反复出现同样的问题，如做事拖拉、丢三落四等，提醒、训斥都无效，则要寻求专科医生的帮助，判断是否有疾病存在并及时治疗。

7 教孩子如何识别"好朋友"和"坏朋友"?

—— 李平

【案例】

　　小慧,女,15 岁。进入初中后来到一个新环境,以往的朋友都不在身边了,倍觉孤独冷落,后来结交一个新朋友,但其霸道自私,有矛盾每次都是小慧先求和,小慧也经常感到委屈,但她害怕如果自己连这样一个朋友都没有了那将如何面对孤独。

【问题】

⊙ 那么家长究竟应该如何引导和鼓励孩子,交往理想的朋友呢?

　　如何结交朋友是个很有历史的话题,孔子曰:"益者三友,损者三友。友直,友谅,友多闻,益矣。友便辟,友善柔,友便佞,损矣。"(春秋《论语·季氏》)。这段话告诉人们,同正直的人交友,同诚实的人交友,同见闻广博的人交友,是有益的。同奉迎谄媚的人交友,同阿谀奉承的人交友,同花言巧语的人交友,是有害的。时至今日，这样识人辨友的原则也是令人心悦诚服的。俗话说得好，一个好汉三个帮、一个篱笆三个桩，人生在世不可能没有朋友，作为家长，我们也深刻懂得"人以类聚、物以群分"的道理。

孩子的成长变化是快速的，我们要抓住成长的关键时期给予孩子更多的关注，采用多种方式了解孩子的思想变化和交往发展，引导孩子形成正确的认知。

幼儿期家长要树立孩子正确的行为规则，毕竟没有人愿意和任性、霸道、自私的人交往，家长要帮助孩子学会遵守规则的前提下，既要尊重别人的感受也要学会拒绝不合理的要求。

在儿童期，家长要关注孩子的性格特点，引导孩子取长补短，比如害羞的孩子，家长要主动引导孩子融入环境，多和开朗外向的孩子交往；如果孩子比较外向，家长要关注其在交往的过程中是否有越界行为，要帮助孩子在人际交往中保持适当距离。当然不管是什么样的玩伴，家长都要关注玩伴品质特征，比如有些孩子脏话连篇，或是有撒谎、爱欺负人等不良品行特征，家长要及时帮助孩子远离这样的玩伴。

随着孩子的成长，特别是进入青春期以后，自我价值认同感会有很大的变化，他们更在乎小伙伴的评价和看法，更在乎自己在同学心目中的形象，他们开始在同龄人中寻找归属感。有的孩子不再和家长说心里话，更多的是与自己的闺蜜或者哥们分享，朋友在他们内心占有越来越重要的位置，影响甚至超过了父母。在交往过程中会出现一些问题，比如青春期的孩子开始对异性出现好感，有些孩子会出现早恋导致成绩明显下降，有些孩子为了能够得到同伴接纳甚至会放弃自我感受，形成讨好性人格特点。如本文中的案例，小慧为了维持关系，不惜多次委曲求全，出现这样的结果其实也是长期系统问题的结果体现。因此，孩子是否会辨识朋友，如何与朋友正确相处，这些构成了孩子重要的社交活动，处理得当，孩子之间形成正向影响，将对孩子的成长有很大助益；处理不当，朋友之间的不利影响会让孩子误入歧途，甚至会影响孩子的学业乃至一生。青春期阶段的家长要明白，在这一阶段，孩子随着体内激素的变化及身体特征逐渐接近成人，但其认知、情绪及行为都存在不稳定性，此阶段的孩子对批评及大道理特别的敏感及抗拒，此阶段家长如强行、粗暴干预会适得其反。

作为家长要学会逐渐放手，给孩子留下一定成长发展的空间，帮助引导孩子需要一种润物细无声的方法，顺势而为，注重发展孩子的自主性及独立性。具体做法是给孩子的言行设定方向和底线，而不是对孩子的一点不足就指手画脚，可以和学校保持良好的沟通，适当家校联合给孩子一定支持及约束。既要给孩子发言的权利，尊重孩子的意见；也要放手让孩子承担一些家务，让孩子明白权利及义务相辅相成。如果亲子关系矛盾冲突严重，无法有效沟通，必要时寻求心理医生，进行家庭治疗，家庭关系的调整及成员的改变，也能帮助孩子稳定情绪及行为调整。

8 如何处理校园欺凌事件？

—— 张晓南

【案例】

小桔，女，13岁。她对医生说，在学校有一伙同学天天打她。告诉老师，老师不管；告诉家长，家长找到学校，可是校方只是象征性地劝导几句，过后那些同学仍然打她。后来她转了学，但是那些打她的同学也跟到了新的学校，还是天天打她，快要把她打死了；甚至追到家里，在她的饭菜里下毒。说到这里的时候，小桔身后的家长脸上显出了担忧和惊恐的神色："医生，欺负她的同学并没有跟到新的学校，更不可能来家里下毒，孩子这是怎么了？"

【问题】

● 如何处理校园欺凌事件？

显而易见，小桔在学校遭遇了校园欺凌。

1. 校园欺凌是指发生在校园内外的欺凌行为，这种行为可能通过肢体、语言或网络等手段实施，导致受害者在身体上、情感上或财产上受到伤害。校园欺凌的具体表现包括但不限于辱骂、中伤、贬低受害者，损坏受害者的个人财产，如书本、衣物等，以及威逼、胁迫受害者做不愿意做的事。校园欺凌的参与者可能包括欺凌者、受害者、协助者、附和者、保护者和局外者。校园欺凌对受害者造成的伤害是深远的，包括身体和心灵的双重创伤，可能导致长期的心理影响。因此，校园欺凌是一个严重的问题，需要学校、家长和社会的共同关注与努力来解决。

2. 有的家长听说自家孩子被欺负了，二话不说就到学校大吵大闹，和对方家长打成一团；有的家长听说孩子遭到欺凌，不分青红皂白先批评自家孩子："他为什么不打别人专打你呢？"这两种做法都是错的。缺乏理性的处理方式，对孩子的成长是不利的。

3. 当孩子遭遇校园欺凌，家长应保持冷静，既不要让愤怒冲昏头脑，也不要忽视孩子的感受。先耐心与孩子沟通，问明始末缘由；再与对方家长和欺凌者本人沟通，多方求证，了解清楚具体情况。在沟通过程中尽量录音，搜集证据。如果孩子受了伤，应及时拍照并去医院做伤情鉴定。总之，先充分了解事实，再协商道歉与赔偿事宜。

4. 如果对方家长态度蛮横，拒不道歉赔偿，可联系学校与老师帮忙协商。欺凌行为在学校发生，学校有义务从中协调解决，并阻止欺凌的发生。不能因为对方"不好惹"就算了，这会让孩子感到家长也无法保护自己，失去安全感。甚至还会助长欺凌者的气焰，让欺凌行为愈演愈烈。如果学校和老师也解决不了，请家长勇敢地拿起法律的武器，报告警方，让警察叔叔为孩子主持正义。尽可能多搜集证据（监控、录音、视频、伤痕鉴定、就医记录等）提供给警方，积极配合调查。

5. 校园欺凌会给孩子造成较为严重的心理伤害，案例中的小桔即便已经转学，却能"看到"那些欺负她的同学跟到了新的学校，甚至"看到"欺凌者给她投毒，在可怕的幻觉中惊恐万分，实在令人痛心。如果您的孩子遭受了校园欺凌，在安慰与主持正义的同时，还要注意孩子的心理异动。如果孩子出现异常行为，如自言自语、自伤、自杀等，要及时到精神专科医院就诊。

9 课外培训班真的很重要吗？ —— 张晓南

成成，男，14岁。一到周末就呼吸困难，家长断定是装的，目的是逃避周末的课外培训班。然而后来成成到了周末不但难以呼吸，而且严重腹泻。家长这才慌了神，带成成去医院检查，没有发现任何病变。最后被建议看心理医生，筛查之后发现成成患有童年情绪障碍。孩子的临床表现与课外培训有着密切关系，很多家长并不能够理解，为什么参加课外培训反而出现"副作用"。

【问题】

● 课外培训班真的很重要吗？

1. 中国教育追踪调查（CEPS）数据显示：课外培训对青少年的情绪健康和学习成绩都会产生负面影响。也就是说，从统计数据来看课外培训既不会让心情好起来，也不会让成绩升上去。课外培训班真的有家长们认为的那么重要吗？

2. 家长们不妨现在就想一想，课外培训班究竟对孩子有没有帮助？经过课外培训，孩子的成绩变好了？孩子对学习更感兴趣了？还可以进一步思考一下：到底是什么决定了考试成绩？

3. 所有考试的题型都包括两大类：一类是需要死记硬背的基础知识；另一类是需要运用思维能力去解答的题目。基础知识只要背就能会，自觉学习的孩子可以自己掌握，不自觉的经老师和家长适当督促也能掌握，额外上培训班意义不大。经过几次的课程改革，如今的考试越来越注重考察能力。包括解读信息能力、运用知识能力、阐释事物能力、论证探索能力等。这些能力从哪里来？从生活中来，从思考中来，从经历中来，从体验中来。想要提升孩子的能力，就要丰富孩子的生活——参与社会活动，外出增长见闻，培养兴趣爱好，进行体育锻炼等都能从不同角度培养孩子的思维能力，看似"浪费时间"，实则反哺成绩。

4. 如果课外培训班只是学校课程的复制粘贴——把讲过的课程再讲一遍，把讲过的题型再讲一遍，把灌输过的知识再灌输一遍，这对能力的培养没有效果，对成绩的提升也没有助益。纵观整个教培行业，这种无用的课外培训比比皆是。报什么班不重要，不报什么班才重要。

5. 何谓童年情绪障碍呢？是指发生在儿童和少年时期，以焦虑、惊恐、回避障碍、强迫症以及抑郁为主要表现的一组疾病。过去说成"儿童神经症""神经机能失调"，目前倾向使用童年情绪障碍名称。其与遗传因素、环境因素、家庭教育方式不当、亲子关系不良以及学习负担过重有关。案例中成成出现的呼吸困难与腹泻是焦虑情绪的体现，想逃避课外培训班是真的，但呼吸困难和腹泻不是装的，需要心理医生系统诊治。

10   孩子减肥不好好吃饭是厌食症吗？

—— 李双

【案例】

　　小白，17岁，名如其人，白净、清秀、文静，高三在读，身高1.59m，体重39kg。从小是一个好胜、希望自己样样都好的孩子，初三时体重58kg，同班好朋友嘲笑她太胖了，中考结束后开始减肥，不好好吃饭，三餐不吃主食，不吃肉，每天上网查食物热量、称体重，只吃些蔬菜、水果，一些零食。每天坚持打羽毛球1小时，不到2个月，体重迅速下降至46kg，同学夸她漂亮多了，但仍觉得胖，节食，体重最低时36kg，闭经，胃痛，头晕、无力，皮肤干燥，脱发等，精神不振，发脾气，不能坚持上课，1年来，家人反复带其到综合医院消化科、内分泌科就诊，多方面诊治，无明显疗效。

【问题】

> **孩子减肥不好好吃饭是厌食症吗？**

　　小白长时间怕胖，过度节食，体重明显低于正常，继而代谢、内分泌紊乱，经精神专科医生检查诊断：神经性厌食；营养不良。

1.厌食症是复杂的多因素疾病，与生物、心理和社会文化因素密切相关，处于青春期的孩子开始从外部世界逐渐关注内心世界，尤其那些苛求完美、理想化的她们内心声音常常是"我应该让所有人喜欢我；我需要与众不同"。因此在竞争中常常不断受挫，缺乏自信，不满意自己。她们在不科学的减肥中求瘦无止境，在每天看到体重计上的数字不断下降的过程中获得内心需要的"自我操控感、自主感及自我价值感"。

2.厌食症的孩子常常表现：严格限制进食、过度运动、自我催吐或导泻；否认病情；穿宽松衣服掩饰自己"骨瘦如柴"的身体；淡化躯体问题；拒绝求医和治疗。她们常表现对食物的兴趣增加：如钻研食谱、逛食品商店、烹饪后给别人吃，强迫家人进食，固执刻板。她们常常明显抑郁、焦虑、反复自伤行为，如划伤自己手臂等，甚至反复想死念头及自杀行为。体重持续下降让她们越来越陷入严重的营养不良，继发严重的身体损害，如脱发、闭经、骨质疏松、电解质紊乱，甚至心、肝、肾等脏器功能衰竭，甚至危及生命。

3.厌食症已成为威胁青少年健康的一种心理、生理疾病，涉及心理科、营养科、内科、妇科等多种学科，他们紊乱的进食行为背后反映着他们的心理障碍，具有隐蔽性、复杂性。其发病年龄及性别特征国内外相仿，主要见于13~20岁之间的年轻女性，其发病两个高峰为13~14岁和17~20岁。目前患病群体逐渐呈低龄化趋势，小学、初中女生增多，严重影响身心健康，它需要及时被识别，需要社会、学校及家庭高度关注，增加了解，尽早寻求专业帮助，走出困境，健康成长。

11 孩子经常暴饮暴食后偷偷吐掉是问题吗？

—— 李双

【案例】

小倩，16 岁，高一年级。其母亲来到诊室着急地向医生诉说："孩子近 1 年花钱特别多，后来才知道她经常订外卖，在网上买各种食物，每天晚上吃很多东西，后来发现孩子吃完就上卫生间偷偷吐掉，问她不愿说，不给钱就发脾气，有时划自己胳膊，有半个多月已经不去学校了，劝她来医院说自己没问题，不知道怎么回事？"追问下得知小倩原来偏胖，初三开始关注体重，节食减肥，不吃主食，每天只吃一顿饭，三四个月体重减下来 10kg，之后近 1 年开始要么不吃，要么就控制不住吃到撑，之后就去偷偷吐掉，不开心，经常和父母因为吃东西吵架，父母无奈、无力……

【问题】

⊙ 孩子经常暴饮暴食后偷偷吐掉是问题吗？

1. 有一类与心理因素相关的生理疾病即进食障碍（eating disorders，ED），主要包括神经性厌食和神经性贪食。在《中国进食障碍防治指南》中指出：神经性贪食多在青春期和成年初期发病，30%～80% 贪食症患者有厌食症病史，90%～95% 的贪食症患者是女性，16～20 岁为高峰期。进食障碍的患病率在我国存在逐年上升的趋势。

2. 小倩患上了神经性贪食，她表面上是"吃吐"问题，但问题背后反映着她的心理障碍，她常常在独处、焦虑、被拒绝或失败后沮丧、愤怒下进行暴食，发作性、难以自控地吃进大量食物，为常人数倍，多吃"发胖"食物，吃到撑为止，吞下所有不满和委屈，麻木自己难过的内心，之后特别恐惧发胖，立即自我抠吐、禁食等方式清除掉自己吃下的食物热量，呕吐后感觉轻松许多，但同时会充满内疚、自责、悔恨，久而久之，她陷入"暴食－抠吐"循环，难以摆脱，情绪波动大，抑郁焦虑，甚至会冲动自伤，身体随之带来慢性咽喉炎、腮腺炎、龋齿、电解质紊乱等损害，严重时可能带来生命危险。

3. 对于父母来说，常常难以理解，愤怒、无力、无助，能做些什么呢？

首先尽可能了解关于进食障碍的知识，孩子目前不是发疯状态，不单与食物有关，她们常常人际敏感、学习压力大、对自我不认可等，陷入困境，暴食行为是他们在混乱情绪里安定的依靠，难以自控，此时需要父母多些耐心，和自己的孩子聊聊，了解她们的想法、感受，对自己体形的期待等，给予积极关注、关心，帮助他们觉察紊乱的饮食，给自己陷入困境也不是他们想要的状态，支持、鼓励孩子尽早求助专科医生，共同寻找一些健康的方式来解决问题。

12 孩子减肥中过度节食该如何应对？

—— 李双

【案例】

　　17 岁的小婷由妈妈陪同来到咨询室，她看上去清秀安静，很讨人喜欢的一个女孩，而她一直都不喜欢自己，觉得什么都不够好，常常过分敏感地关注别人对自己的评价，怕让人失望，怕让别人不喜欢。她的母亲说初三开始觉得自己太胖了，开始减肥，每天不和家人一起吃饭，在自己屋里吃饭，只吃水煮菜，不吃主食、不吃肉，最严重时体重只有 31kg，身高 1.62m，1 年多没有月经了，近一两年学习成绩明显下降，心情不好，发脾气，家人劝她多吃点，她就说腹胀，排不出来，吃不下，现在家人苦恼不堪，小婷的爸爸安于现状，称妈妈总是管得太多、要求太多，妈妈非常恼火，两人之间战争不断，爸爸因此多不回家躲避战争，妈妈无力，心急如焚，濒临崩溃，不知该怎么办？

【问题】

● 小婷患上了厌食症，作为父母常常陷入无助、无力，该如何应对呢？

　　第一，父母需要了解厌食症这一疾病，孩子目前看不到自己不好好吃饭，是在危险的减肥，厌食症不单与食物有关，实际上食物只是一种象征，是以控制食物来处理其他问题。

　　第二，厌食症并非体重直接致病，如果孩子认为她可以成功减肥 5kg、10kg 就可以快乐地生活，那么她就更多地关注于磅秤上减去的数字而不是快乐的生活，对于此时的孩子而言，厌食行为是一种存活方式，是她在混沌世界里安定的依靠，她的行为是问题，可以说是一种虚假的解决方法，使得厌食行为持续存在。而严重的低体重引起严重的营养不良，继发不同程度躯体损害，同时孩子有明显的认知扭曲，常有体像障碍，即常常她们已经极度消瘦，仍然觉得自己不够苗条。

第三，厌食症是一种精神疾病，影响了感觉和情感，常常共患抑郁焦虑障碍、强迫障碍；是一种社交能力的障碍，影响了人际关系。

第四，父母面对厌食症孩子，去帮助她是一件很困难的事情，常常会遭遇阻抗、愤怒，甚至敌意，可以试着与孩子这样互动：首先尽力让孩子理解你并不想批评她，保持冷静，避免责怪，简单跟她解释下你对她不好好吃饭问题的担心、不安等感受，比如"我很担心你的……；我看到你吃得很少……，让我很担心"。之后让孩子说一下自己的感受、关心的事情，共情她的感受，同时试着帮助她看到目前低体重带来的影响，鼓励孩子寻求帮助，但不要和她做徒劳的争执，可以询问孩子需要妈妈爸爸做些什么？告诉她"爸爸妈妈有时感受不到你的感受，能跟我们说说吗？帮助我们了解你"。当你情绪激动、特别生气时不要接近孩子，找个地方理性思考、平复一下，如果反复尝试失败，希望及时求助专科医生。

13 如何帮助孩子进行积极的体重管理?

—— 李双

【案例】

　　小芳,女,17岁,学生。一直是班上的优等生,因为同学在班里开玩笑说她胖而开始减肥。一到吃饭时间,她就以各种借口不吃饭、不吃肉,每顿就吃黄瓜和苹果等。饿急了才会吃点东西,但吃过之后就会自我催吐。5个月后减肥有了明显效果。然而令小芳想不到的是不想再减肥的她体重仍然在下降,吃什么胃都难受,吐出来才觉得舒服。由于进食困难,小芳体重持续下降到30kg。人也越来越虚弱,并且经常胃痛,月经也消失了。性格也发生改变,变得暴躁、易怒,甚至抑郁。

【问题】

● 如何帮助孩子进行积极的体重管理?

　　当今物质丰富时代,体重管理成为热点,其中许多青少年在减肥中发生饮食紊乱,身心受损。最近有研究显示,对身体不满意和节食行为不仅仅发生在青少年,甚至在年龄更小的儿童中也发生。幼儿园的孩子就已经对自身和他人的肥胖有负性态度,小学三年级的孩子就熟谙节食。在一项调查中,3年级到6年级的孩子中有一半想减肥,超过1/3的人想保持苗条的身材。因此父母如何帮助他们培养一个正性的身体意象,合理管理体重非常重要,你可以从以下几个方面去引导孩子:

　　1. 帮助孩子了解并尊重各种身体尺寸和体形影响因素,并让他们知道身体尺寸和体形主要由遗传预先决定了,接受自己的体形,调整自我合理的体重目标。

　　2. 为孩子讲解生理知识,可帮他们消除在这一阶段新增的尴尬感、不安全感。

　　3. 帮助孩子建立一种并不主要基于外表的自我价值感,不把苗条作为评价美的标准，帮助孩子觉察自己的优势并予以真实肯定。

4. 帮助孩子制订合理饮食计划，膳食需均衡。饮食搭配需要注意：食物多样，谷类为主，粗细搭配；多吃蔬菜、水果、薯类；每天吃奶类、大豆或其制品；常吃适量的鱼、禽、蛋、瘦肉；适量烹饪油和盐。定时定量进餐；规律地进食，一日三餐，每餐间隔 3~4 小时，零食要适当，缓慢在正常范围减重；每天足量饮水，合理选择饮料。可以求助营养专家制订科学食谱。

5. 父母要保持自己的饮食习惯，可以定期称体重，通常每周 1 次，可以选择清晨空腹等同样条件下称，有助于检验饮食计划的成效并指导饮食调整。

6. 识别孩子危险运动行为，指导正常化运动：如每天运动量超过教练的建议；有目的不断加大运动量消耗食物摄取量的增加，受伤、生病仍坚持运动；无法运动时就特别焦虑等，父母应告知孩子过度运动的危险性，需要与儿科专家或其他医学专家一起针对孩子具体情况制订一份运动计划。

7. 如果孩子已进入危险节食、运动，发现孩子在你的指导中特别反抗，体重明显低于正常，或者你难以自控、过分严厉地盯着孩子饮食时，需要及时寻求专业帮助。

14 孩子心情不好时控制不住多吃东西是问题吗?

—— 李双

【案例】

小浩,高中男生,17岁。高一开始学习压力大非常压抑、烦躁,对自己成绩不满意,与同学交往不愉快,无信心,每天放学回家晚饭后仍感觉没吃饱,经常在深夜叫肯德基外卖,自诉:"我好像怎么吃都吃不饱,每次吃到撑才停止,特别难受,不想吃这么多,但经常失控,体重一年来增加了约20kg,我一直在为自己的体重挣扎,我喜欢吃汉堡,就像有瘾一样,一吃就停不下来,我不知道怎么做才能正常吃东西。暴饮暴食时候,我好像自己进入恍惚状态,吃完后特别沮丧、羞愧、疲惫,我发誓我再也不这样做了,但第二天又会这样……"

【问题】

⊙ 孩子心情不好时控制不住多吃东西是问题吗?

(一)在诊室里,常常会有这样一些青少年或是成年人特别痛苦地向医生说:"我一直为我的体重发愁,我一心情不好,就感觉自己必须吃东西。""我的饮食已经失控了，体重增加太多了。"他们常常陷入了压力性进食或情绪性进食，在痛苦中煎熬。这些青少年暴食开始前一段时间常常存在各种情绪问题：抑郁、社交焦虑、失败、羞愧、委屈、愤怒等负面情绪，这些负面情绪可能来自学习、家庭、同伴压力等，他们常常使用食物来处理不快情绪，而不是生理饥饿而进食，称之为情绪性进食，久而久之，暴食已经成为一种习得行为，当反复发作性暴食在 3 个月内平均每周至少 1 次暴食，无法自控，食物量大于大多数在相似时间段内的进食量，直到感到不舒服的饱腹感，非饥饿下进食，食后厌恶自己，抑郁、内疚等，且无食后呕吐等清除行为，据美国诊断标准（DSM-5）符合诊断：暴食障碍。需要系统专业治疗。

（二）这些陷入情绪性进食的青少年常常对事物的感受很敏感、强烈，当他高兴时，会欣喜若狂，当事情不顺时，会深陷痛苦，他们常常缺乏情绪调节能力，还没有学过任何有技能的方法去忍受或有效地处理自己的不快情绪体验，他们常常给自己的目标是不现实的，当无法达成时变得非常痛苦，而且无处安放自己的情绪，尤其是愤怒、悲伤时。食物不自觉成为麻木、安抚、逃避痛苦的方式，时间长了，陷入恶性循环，带来过度肥胖、身体代谢疾病、高度自我挫败感等。

（三）作为父母，需要参与到治疗中来，合理认识孩子暴食本身存在的好处和坏处，和孩子一起去面对紊乱进食行为，觉察暴食背后的情绪状态，给予理解，相信行为可以改变，与孩子一同去寻求专业帮助，从自我觉察、痛苦忍受、情绪管理、人际效能方面增加积极有效技能，学会通过合理的方式排解压力和不良情绪，不依赖于进食模式，给孩子带来改变与希望，提高孩子的生活掌控感和幸福感。

情绪篇

15　说想死的孩子是真的想死吗？　　　—— 陈保平

【案例】

　　小刚，男，初三学生。最近1年来经常唉声叹气、愁眉苦脸，以前活泼开朗，现在变得沉默寡言，干什么都没有热情，总是开心不起来。有时候问父母人活着有什么意义？说要是自己死了你们不要太伤心之类的话。小明的妈妈虽然给孩子做了很多思想工作但是收效甚微，孩子还是经常说不想活了。妈妈非常担心，前来咨询。

【问题】

● 说想死的孩子是真的想死吗？

　　答案是肯定的，当一个人说不想活了，哪怕是在开玩笑，都说明不想活已经成为一个考虑的选项。甚至一个人突然无缘无故地害怕死了，也可能是这个人有不想活的想法了。

　　但是，想死和真的采取行动还有一段距离。选择死亡不是一件容易的事。除非这个人感觉活着太累、太痛苦，死亡就是一种逃避困难痛苦的方法。但是，求生是人的本能。一个人选择死亡之前会想办法活下来，他们会做很多努力。包括经常说"我不想活了"，就是其中之一。孩子在表达不想活了的时候，其实是在向周围的人求助，告诉他们我太累了、我太痛苦了。

　　而我们这个社会是不提倡死亡的，我们提倡的是热爱生活，积极向上。所以，有些人说到死亡的想法会用一种轻松开玩笑的方式来掩饰。或者想到死亡，又觉得这样的想法不好，想回避这个想法，表现出来的就是害怕死。也就是说，当一个人说害怕死的时候其实已经想到死了。

所以，当一个孩子经常说我不想活了的时候，我们一定要重视起来。因为我们如何回应孩子决定了孩子这些想法是越来越严重还是会减轻。那我们该怎么办呢？如果你想帮助自己的孩子，首先不要去讲大道理，不要指责孩子这样的想法，然后去了解孩子有哪些困难和痛苦；接下来我们要帮助孩子去解决实际的困难，如果孩子有情绪，需要我们来倾听和理解。如果孩子的情绪是针对父母的，我们也要尝试包容而不是去为自己解释或者指责孩子。当孩子感觉到被理解和支持，感觉到生活的乐趣，自然就不想死了。

有很多父母不理解孩子，觉得现在生活这么好，孩子哪有什么烦恼！或者谁没有烦恼？过了这个阶段就过去了！还有些父母觉得孩子就是矫情，说想死就是来要挟家长。这些想法就会让我们忽视孩子的诉求和情绪，加重孩子的痛苦和绝望。如果孩子又得不到其他帮助，就有可能走极端。

死亡是一个严重的结果，希望孩子在说出想死的话的时候，我们要重视起来，抓住这个帮助孩子的机会，如果家人处理起来有困难，可以求助心理咨询师。

16 抽动症状与情绪波动有关吗? —— 任传波

【案例】

小丹,11岁女孩,小学五年级,父母陪诊。家人发现自半年前孩子逐渐出现不自主眨眼、嘴角抽动,日渐加重,甚至出现不自主耸肩等表现,就带其到医院检查,经过一系列的问诊及检查,考虑为:抽动症。通过问诊了解到一件事,妈妈说1个月前带孩子出去旅游,去时当坐上飞机那一刹间孩子一切症状消失了,1周后回来下飞机时,一切症状又回来了,百思不得其解,家长就问:难道抽动症状与情绪波动有关吗?

【问题】

◉ 抽动症状与情绪波动有关吗?

(一) 何谓抽动症

抽动症 (Tic disorders,TD):是一类起病于儿童和青少年期,以运动抽动和/或发声抽动为主要表现的神经发育障碍。抽动症的特征是不自主的、突发的、快速重复的肌肉抽动,常伴有暴发性的、不自主的发声和秽语。症状复杂多变。

(二) 抽动如何形成

关于抽动症,形成原因有很多。根据研究表明:遗传因素、生物因素、心理因素、家庭环境等,可能都与之相关。但更多的研究发现:抽动症与情绪被动密切相关,互为影响。

(三) 抽动与情绪波动有何关系

1.诱发抽动症状出现:社会压力、社交不适和自我意识等心理社会因素可以增加情绪波动,而患者在情绪激动、焦虑或紧张的时候,通常更容易出现抽动症状。

2. 情绪波动会加重抽动症状：在一项最近的研究中（Smith et al.，2021），研究人员使用长期监测和临床评估，对抽动症患者的情绪状态进行了详尽分析。他们发现，当患者处于焦虑或紧张状态时，抽动症状通常会显著加重。这包括肌肉紧张、眨眼或抬肩的频率增加，以及发声症状的明显增加。

3. 二者互为影响：抽动症的孩子往往因为自己的疾病而感到自卑和焦虑，从而导致自尊心受损。长期的心理压力可能会引发或加重孩子的焦虑、抑郁等情绪问题，这些情绪问题又会反过来影响抽动症状，形成恶性循环。2019 年发表的元分析（Matsumoto et al.，2019）研究，发现超过 50% 的抽动症患者同时伴随有不同程度的抑郁症状。这意味着抑郁情绪问题在抽动症患者中的普遍性异常高，并且可能对他们的整体生活产生深远的影响。

总而言之，在抽动症患者中应重视情绪管理，配合心理治疗，减轻抽动症的症状，提高生活质量。

17 只要不合心意就爱发脾气怎么办？

—— 姜琳

【案例】

正德，11岁。从小比较懂事，只是有时做事要谈条件，比如，让他写字帖，则要求给他买一个手办。随着年龄增长，要求越来越多，家人若不满足他的要求，轻则哭闹，重则大喊大叫，躺地上打滚，后来甚至砸东西，踢打父母亲。家人无奈只能满足其要求，但患儿要求越来越多，甚至一天充游戏卡都要数百元，在学校也无法管理情绪，上课不听讲，自己画画，老师收走了他的画，就大怒，掀翻书桌，剪坏自己的衣服，家长担忧，孩子这样下去就越发无法管束了。

【问题】

◦ 只要不合心意就爱发脾气怎么办？

从孩子的成长角度看，婴儿期不会讲话，啼哭是寻求帮助的一种方法。逐渐长大后，语言能够完成更多的作用，如提出要求、表达情绪。若一般的语言无法表达情绪或不能引起注意，孩子会用更大的声音或更引人注目的行为让家长看到他。所以，会发脾气也是一种情感表达。家庭中通常对此存在不同的观点，如有的家庭不能承受孩子大声讲话、喊叫，家长会用更大的声音呵斥孩子让他停止，甚至用殴打的方式让孩子停止发脾气，这样也许会暂时奏效，但长此以往，孩子也会学会这种模式，也就是越来越多地喊叫、发脾气。有时，家庭的教养模式形成过程存在问题，即孩子哭闹后才能得到满足，于是孩子就越来越闹，有时不等家人反馈就先发起脾气，每次发脾气后都能得到满足或回避不想做的事情，养成了这种行为模式。有的孩子可能存在多动、冲动的问题，对立违抗障碍、冲动控制障碍、孤独症谱系障碍等疾病，无法对自己的情绪行为进行合理地控制。对一般事件的情绪反应超过正常，对家人无亲情，是需要到精神科就诊治疗的。

家庭中保持和谐的氛围对孩子情绪的成长非常重要，父母情绪稳定有助于孩子培养适当的情绪表达。当孩子起初几次发脾气，处理的方式对未来其行为模式的影响很大。如孩子要棒棒糖，不给买就躺地上打滚，家长就给买了。要手机，不给就发脾气，扬起小拳头打妈妈，家长就给了手机。这种方式等于培养孩子发脾气。发脾气时，要冷处理，你可以安静地看着孩子，郑重地告诉他。这种行为是不允许的，或者控制住孩子的行动，不要让他伤害他人或自己。陪着孩子离开当时的环境，平静下来后告诉孩子该如何表达自己的情绪和要求。还可以在其发脾气时不予理睬或保持关注的同时，控制其破坏行为，如抓住孩子的双手，不让他打到人，直到孩子停止攻击行为，情绪稳定。当然，在平时要跟孩子明确边界，即什么时间可以做什么事情、孩子有哪些权利等；写完作业可以玩，饭后可以吃糖，今天出门可以买一个玩具等，让孩子在大多数的时间可以预判自己的要求是可以被许可的。如果常规的管理与家庭管教方式的改变都无法改变孩子的行为，你需要寻求专业咨询师或精神科医生的帮助。

18 脾气暴躁背后的原因是什么？

—— 任传波

【案例】

小伟，8岁男孩，小学二年级，父母陪诊。下午出门诊时，看到一男孩，被父母打来的，气呼呼的，问起原因，妈妈说今天上午上学时，为一点小事在学校大发雷霆，在教室内将自己的桌椅踢倒，也踢其他同学的桌子，不听劝阻，老师建议找心理医生看看，故来院。通过与父母交谈了解到，既往在家中，家里都需要按照他的规则办，不按照他的想法就发脾气，而且脾气特别激烈，拿起东西就摔，家人非常痛苦，他为什么会这样？怎么办？

【问题】

⊙ 脾气暴躁背后的原因是什么？

1. 考虑器质性因素：青少年癫痫、甲亢，需进行一系列检查和问诊，明确诊断。

2. 考虑以下两种疾病：

（1）对立违抗障碍：一种行为障碍，主要表现为不合作、挑衅，对同龄人、父母、老师或者其他权威人物怀有敌意。对立违抗障碍在我国的发病率为8%，临床表现为经常发脾气；经常和成年人争论；拒绝成年人要求的事情；总是质疑规则，拒绝遵守规则；喜欢做一些让别人烦恼、不安的事情；自己做错事反而责怪别人；容易被别人惹恼；说话严厉、不友好；喜欢报复别人。

（2）破坏性心境失调障碍：抑郁障碍的一种类型，是发生在儿童、青少年（6~18岁）时期的一种以极端易怒心境和频繁强烈的脾气暴发为主要特征的精神障碍。研究发现该疾病在儿童、青少年中的发生率为0.8%~3.3%（Bruno et al., 2019）。临床表现为：

1）严重、反复的脾气暴发，表现为言语（如尖叫）或行为（身体攻击），且与所受刺激的程度极其不成比例。

2）脾气暴发与患者的发育水平不一致。

3）脾气暴发的平均频率为每周至少 3 次。

4）脾气暴发出现在至少 2 种不同场景下，例如家中、在学校或与同伴相处时。

5）脾气发作之间，几乎每日的大部分时间都处于持续的易激惹或愤怒情绪。

6）症状已持续至少 1 年。可能存在无症状期，但其在 1 年中不超过 3 个月。

7）发病年龄小于 10 岁。

3.考虑心理因素和家庭教育环境因素：

（1）习得性行为，从父母那儿学来的。

（2）希望引起关注，得到帮助。

（3）要求未得到满足，不会表达情绪。

● 如何应对孩子的"暴脾气"？

首先家长们的态度一定要温和，耐心接纳，增强彼此的信任感。其次要了解孩子脾气暴躁背后的原因是什么。但如果您的孩子表现出持续的容易发脾气的状态，自己还控制不住，那就需要到专业的医疗机构就诊了。

本文中就诊的男孩最后确诊为对立违抗障碍，经过药物治疗及心理治疗，目前已正常生活。

19 孩子依赖性强怎么办？ ——董晔

【案例】

小池，初一男生，13岁。自幼与爷爷奶奶一起生活，凡事由老人包办代替，"上小学时就追着喂饭""都中学生了袜子都不会自己洗"……已经上初中的他依然过着"饭来张口、衣来伸手"的生活，不管是行为能力上的与年纪不符，还是情绪情感上的"包办代替"，临床中，我们发现很多孩子凡事由爷爷奶奶或者爸爸妈妈处理和解决，像一个个"失能"的大婴儿，事无巨细地依赖着父母。

【问题】

● 孩子依赖性强怎么办？

（一）心理调适

我们都知道越事无巨细地包办，孩子的依赖性越强，孩子会从被照顾中无意识的幼稚化，大人也会在照顾中获得被需要的满足感和孩子离不开自己的安全感，且关系互动形成了一种习惯，会不断地循环下去……都知道"放手"是父母应该做的，但面对放手带来的失落感和不安全感是父母首先要做的心理调适。

（二）角色扮演

当父母调试内心后，方式方法便仁者见仁、智者见智了：父母可以试着跟孩子互换角色，让孩子扮演照顾者，自己充当被照顾者，可以从一些容易达成的琐事开始，如"妈妈身体不太舒服，你帮帮我啊（拿水、擦桌子、收拾书包……）"当孩子轻松完成的时候，要给予鼓励和表扬，如果孩子在完成的过程中很不情愿，在及时给予表扬的同时也可以扰动性地问一下："这个事看起来你不太愿意做，但为什么总让爸爸妈妈做呢？"这样可以引发孩子思考，在他/她凡事依赖你时候的底气便不那么足了。

（三）适当手段

适当的"错误"也是帮助孩子成长的关键，在你"帮助"他／她的过程中，适当地遗漏，如卷子、文具等，督促他／她核查，也是增进他们主动性的一个办法，抑或是因为遗忘和疏漏，孩子不可避免地在学校吃了点"苦头"，他／她对你的"信任"会慢慢减少，自我独立和管理的能力便有可能逐渐增强。曾经有个妈妈发现孩子做作业慢，便每天帮孩子写作业，后来发现孩子完全依赖于她写作业，意识到自己的错误后，妈妈巧妙地把数算错，让孩子检查，起初孩子对妈妈很信任，也懒得检查，第二天到学校后众多的红 × 让他怀疑妈妈的能力，后来他开始检查"妈妈的作业"，再后来发现检查作业不如自己写，妈妈及时地收手和聪明地放手让孩子知道了"自己的问题自己解决"最靠谱。

对于依赖性强的孩子，单纯的说教基本无济于事，学会变换角色，把主导权让给孩子，试着放手，并接纳放手后有可能的挫败感，是父母需要有的一种力量。

20　孩子大错不犯小错不断怎么办？ ——董晔

【案例】

小涛，小学三年级男生，9岁。父母经常因其在学校犯错被叫家长，十分苦恼，担心孩子是否患有精神类疾病，带其来诊。诊室中小涛规矩地坐着，"阿姨，我就是想跟他们开个玩笑"。可母亲却说："医生，我三天两头地被老师叫到学校啊，不是给同桌弄哭了，就是在墙上乱涂乱画"；"但他是个善良的孩子，坏不到哪去，就是手欠儿，总爱攒齐人"……很多男孩子的妈妈经常为此苦恼。

【问题】

• 面对这些大错不犯小错不断的"调皮蛋"怎么办呢？

（一）心理上的接纳

有人说：要让孩子像孩子一样长大，这句话提醒我们，尊重孩子的成长规律是成年人需要面对的现实，发展心理学认为：孩子在小时候需要对所有的情绪做预演体验。所以，在孩子成长的过程中犯错其实也是一种心理需要，孩子通过错误来不断修通、整合与外界的关系，我们常常发现小时候从不犯错很乖的孩子，长大后犯下大错锒铛入狱，犯错是孩子的权利，更是他们成长的"财富"，但这并不意味着我们袖手旁观、任其为所欲为。

（二）认知行为上的修缮

"狠心"地让孩子面对后果并承担起责任是一部分父母需要克服的心理难关，生活中有一些父母凡事挡在孩子的前面，孩子负责犯错，他们负责"擦屁股"，自以为是给孩子当靠山，实则让孩子发现"犯错无成本，凡事有老爸"，做孩子的靠山没有错，但在孩子犯错后，教会孩子面对错误承担责任也是孩子成长的重要一课，主动向被弄哭的同桌真诚道歉、重新修复乱涂鸦的墙面……避免孩子养成凡事自我为中心的思维模式，并且懂得在社会的角色中不能为所欲为的道理。

（三）在体验情绪中学会检验现实

在孩子成长过程中也要经历必要的情绪体验，只有身体力行地体会到什么是难过、痛苦、挫败、后悔的时候，才能对以后的行为做以"防疫"，很多家长不想让孩子受一点"苦"，扛下孩子所有的错，殊不知你在替孩子扛事的时候不仅包办代替了他的事儿，也包办代替了他的情绪。在整个过程中，孩子也会通过体验情绪学会面对现实：不是比我们弱小的人就能欺负；公共财物不能随便破坏等。父母要适时引导孩子和培养孩子，把我们与生俱来的攻击行为转向游戏和运动中去，在游戏中学会输赢规则，在运动中释放情绪和能量。

当然，凡事顺其自然，没必要刻意鼓励犯错，作为父母要有一颗接纳的心和随时解决"烂摊子"的能力。但当孩子"频频犯错"影响到自己以及周围人的正常学习生活的时候，要及时带到精神心理门诊，需要专业医生进行评估和必要时的诊治。

21 孩子动不动就哭怎么办? —— 董晔

【案例】

丽娜,小学二年级女生,8岁。4岁时父母离异,由外婆抚养,外婆对其溺爱有加,但又要求严格、凡事控制,丽娜自幼便喜欢察言观色,敏感、爱哭,上学后被同学起外号叫"大哭包"。"她总爱哭,上课回答完问题,老师忘了叫她坐下也哭";"动不动就哭,说不得打不得的,也不知哪来那么多眼泪"……生活中一些孩子很爱哭,我们也习惯性地认为他们好像天生就爱哭。

【问题】

● 面对这些"爱哭"的孩子怎么办呢?

(一)关注情绪

当我们给这些孩子贴上爱哭的标签的时候,都会不由自主地关注到"哭"这一个行为上，反而容易忽视"哭"背后的情绪，经常地，我会问一些爱哭的孩子：如果眼泪会说话，它想告诉我们什么呢？有的是委屈，有的是难过，有的是伤心，有的是愤怒……

（二）觉察情绪

关注到孩子的情绪后，我们还要觉察情绪背后的需要，是委屈需要认可，是难过需要陪伴，是伤心需要安慰，是愤怒需要理解，每一种情绪背后都有其未被满足的需求，找到需求是在帮助孩子处理情绪，也是在帮助父母反思教养模式和亲子关系；同时，父母也要觉察自己的情绪，有时候我们会事先认定孩子在"闹人"，即便你表面在哄劝，但内心是烦躁、不信任的，这个时候孩子会敏感地捕捉到你的不安。有时候，甚至是你的压着情绪的"装"，让他／她感到不满而哭闹不止。

（三）不急于解决是种智慧

有一种情况，很多家长发现即便自己使尽了各种办法，孩子仍是哭闹不止，面对这种"怎么都哄不好的孩子"的时候，试着微笑着看着他／她，陪他／她周围，不离开自己的视线的同时做自己手头的事，不试图哄劝，也不严厉批评，静待他／她的收声，待其情绪稳定后，再找时间与他／她探讨当时的想法和感受，鼓励其充分表达自己的理念和情绪，最后要和孩子一起理性分析和面对，当孩子能认识到"不应用哭解决问题"的时候，要及时给予肯定和表扬，切记：当孩子愿意跟你分享的时候，不要以说教为主，否则你有可能不仅堵上了孩子的嘴，也会迎来新一轮的哭闹不止。

其实哭和笑一样，都是情绪的流动，是我们与生俱来的一种能力和能量。哭，让情感变得细腻和敏感，也让生命变得生动与鲜活，通过哭我们学会了看到情绪以及情绪背后的需求，通过哭我们也觉察到自己有情绪在涌动，需要面对和处理。比起"男儿有泪不轻弹"的"压抑"，在还小的时候"有权利"地"释放"也是件多么难能可贵的事儿啊。

22　孩子总说不快乐怎么办？

—— 董晔

【案例】

小丽，小学四年级女生，10 岁。自上学起"不开心、不高兴、不快乐"便成了她的口头禅，整天闷闷不乐、唉声叹气，平素学习成绩中上等，有朋友及兴趣爱好，睡眠饮食正常，其母诉"朋友们都说我姑娘小小年纪长了张忧国忧民的脸，她很少开心，还经常发脾气，你说她不愁吃不愁穿的因为啥啊"……门诊中，很多妈妈苦恼于孩子的不快乐，极力地想探究原因。

【问题】

● 孩子得到不快乐到底意味着什么，我们怎样帮助他们呢？

（一）允许情绪的存在

在孩子成长过程中，体会不同的情绪情感变化是生命中重要的一课，一个人的情绪状态是他/她个性特点和人格发展的基础，当面对繁重的课业、不断内卷的考试、人际互动中的冲突以及家庭关系变化变故时，出现不快乐的情绪是件可以被理解和允许的事，作为父母，能感同身受孩子的处境，理解孩子的情绪反应，远比只关注孩子快不快乐更重要。如果一个孩子在种种压力下不会表达不快乐反而更需要我们担心。

（二）具体描述情绪

作为父母不仅要理解孩子在"特殊时期"的情绪反应，也要试着让孩子具体描述不同情况下不同的情绪感受，学会用语言表达情绪。如果除了快乐外都叫不快乐，那么我们的一生只有两种情绪体验，古人把人的基本情绪分为：喜、怒、忧、思、悲、恐、惊，帮助孩子使用不同的辞藻表达情绪，而不仅仅使用"不快乐、不高兴"，不管是难过、伤心、委屈、生气，还是快乐、开心、愉悦、欣喜，当所谓的"不开心"的情绪被"打回原形"的时候，它对我们的威胁便失去了威力，而当一些正面情绪被呈现出来的时候，我们会发现其实情绪原来也没那么糟。

（三）将情绪落在纸上

可以帮孩子细化一天当中遇到不同的人和事之后的情绪体验，准备一个笔记本，把印象深刻的事件写下来，后面标注情绪情感体验，是开心、兴奋、平淡？还是难过、愤怒、无所谓？笔记本的 A 面记录相对正能量的情绪，B 面记录相对负面的情绪，汇总起来再跟孩子一同细数，其实不快乐的事情也许没那么多，负面的情绪也没那么多，进而打破我们习惯性的"不快乐"的认知。

在观察孩子的同时，父母要及时觉察家庭关系的变化，有人说：孩子是父母的潜意识，孩子的问题是家庭的问题。如果孩子长期看起来不快乐，我们要有反思和自省能力，如果我们自己及家庭关系出了问题，孩子的不快乐则是一个信号，督促我们要发生变化。没有人一辈子时时刻刻都快乐，学会帮助孩子看到情绪、识别情绪，其实在帮助孩子的同时也是在帮助自己。

23　孩子容易紧张怎么办？　　　—— 董晔

小赟，小学一年级男生，7岁。自上学后经常感到紧张、心慌，上课不敢看老师，一节课下来手心里全是汗，平素学习成绩优秀，按时完成作业，不善表达但人缘较好，"孩子刚上小学，学习没什么难度，成绩也不错，但就是容易紧张，担心老师提问答不上来怎么办，老师批评别人他也害怕，被批评的孩子没怎样，他在一边抹眼泪了"……

【问题】

● **孩子容易紧张是门诊中常见的话题，面对家长们的困扰，我们该怎么办呢？**

（一）反思三问

1. 一问孩子在家里最像谁？

这里包含了先天的遗传因素，也包含了后天培养互动的结果。如果家庭里母亲是个较为焦虑的人，而孩子又跟母亲特别亲，母亲的焦虑会不自主地传递给孩子，孩子的紧张与母亲的"强装镇定"本质是一样的。

2. 二问家里管得严不严？

一部分家长能觉察到对孩子约束很多、管严了；一部分则认为对孩子没要求，但孩子却说"妈妈的叹气和脸色都在告诉我考不好不行"……

3. 三问家庭氛围怎样？

一些家庭本身存在着严重的夫妻矛盾，有的经常当着孩子的面吵架，甚至动手打架，有的虽然避免了在孩子面前争吵，但家庭不和谐的气氛，孩子是会敏锐地感知到的。

（二）避免刻意关注

当我们开始反思上述三问的时候，我们自己和家庭关系也有可能开始发生变化。精神世界是很奇妙的存在，当你不去关注一件事物的时候，它似乎是不存在的，当你不断强调和克服的时候，一个普通的情绪症结都会被泛化。行为理论认为，孩子的主要行为与情绪色彩主要通过对父母的模仿学习来的；过分地强调会让行为固着下去。所以父母要做到：避免每时每刻地给孩子贴"紧张"的标签，不去强调孩子的"紧张"，把自己认为要解决孩子紧张的时间用来与孩子游戏、运动，在这个过程中孩子在体会愉悦和放松的同时也会释放攻击力和能量，而不断地有关愉快和放松的刺激，也将被身体记住，逐渐建立另一种情绪习惯。

（三）尊重紧张的本能性

弗洛伊德在关于本能的观点中指出：本能冲动是为满足躯体需要而存在的，它产生一种紧张状态，驱使人采取行动，通过消除紧张来获得满足。孩子的身心发展是从对外部世界逐步探索中进行的，这本是孩子心理发展的必经之路，作为父母要理解孩子在探索过程中的担忧害怕，其实适度的紧张和焦虑可以提高学习和工作效率、缓解压力、收获善意、避免犯罪，能促使人积极地思考和解决问题，是人类进步的动力。

24　孩子整日宅在家里怎么办？　　　——董晔

【案例】

浩南，高二男生，16岁。休学半年在家，整日不出房门，昼夜颠倒地打游戏、刷手机、网聊，懒于出门见人，不愿与父母交流，问话常以"不知道""无所谓"作答。母亲诉"除了饿了出来找点东西吃，整天宅在他的房间里不出门，让他下楼倒个垃圾都可费事了"……门诊中常见这种不出门的孩子，动漫、电子游戏、刷视频是他们全部的世界。

【问题】

● 面对这样一群孩子，我们该怎么办呢？

（一）放下"找理由"

策略式治疗大师简·海利认为，如果你想协助这些青年，就不要不停地为他们解释不离开家的理由：他缺乏自信、他不懂得与人相处、他有精神病、他身体欠佳……理由可以有很多，但是没有一个理由足以在问题解决后让这些人重返社会。在这里不是强调"理由"无用，而是明确目的要比找理由更为现实，从而避免一味地寻求理由而忽略了我们究竟能做些什么。

（二）迎接"挑战"

其实每一个宅在家中的孩子也知道不能永远这样持续下去，他们内心有时也是彷徨犹豫的，但一般来说，孩子宅在家中，必定有人维持他现在的状态，"我对生活要求不高，有口饭吃就行"，父母最大的苦恼是明明知道孩子不能这样下去，但又控制不住地继续满足他所有，让孩子认为"这口饭"来得很容易，孩子不愿走出家门，有很大成分是父母放不下孩子，下定决心给孩子"断奶"可能是父母需要迎接的最大心理挑战。另一个挑战是，无论夫妻彼此间有多大分歧都要坐下来联手面对、冷静探讨、共同反思：孩子在家最依赖谁？他最害怕面对的是什么？谁最有可能拉他一把？有多少成分是家外压力所致？有多少是家庭关系的延续？

（三）具体情况具体分析

对于宅在家中沉迷手机的孩子，想骤然断了其浓浓的"瘾"很难，这部分孩子常常表现出对现实世界的回避与逃避，通过网络游戏和网络社交满足自己在现实生活中无法实现的成就感和安全感，对于这部分孩子，帮助孩子建立现实社交圈子、培养兴趣爱好和参与社会活动是循序渐进的过程，家长不能操之过急，如果有可能可以与治疗师一起根据孩子的情况制订可实行的计划和方案；另有一些孩子确实存在社交障碍，一些有可能患有精神类的疾病，这个时候不能讳疾忌医，需要带他到专业医生那去评估诊治。总之，孩子的问题是家庭问题的呈现，解决孩子问题，需要整个家庭共同参与，是问题共同解决，是疾病共同面对，也许当孩子感受到父母的"合谋"与强大的改变的动力的时候，他也开始走出家门。

25 青春期的孩子如何能更好地与环境融合？

—— 董晔

【案例】

琪琪，高一女生，15岁。性格内向、敏感，开学后与朋友闹掰，没心思上课，学习成绩下降，不愿上学面对同学，"我没有朋友，他们谈论的东西我不感兴趣，我喜欢的东西找不到共鸣""曾经跟我很好的朋友竟然在背后说我坏话，我太生气了"……青春期关于朋友的问题让很多孩子感到苦恼，甚至有些女孩子因为与朋友掰了而影响到上学，为此换班的、换校的、休学的也大有人在。

【问题】

● 青春期的孩子如何能更好地与环境融合？

（一）尊重青春期的心理特点

青春期是儿童期向成年期的过渡，其心理状态也会受到生理成熟的影响，变得敏感、好奇、好胜、自卑、虚荣……其实每个人在年少的时候，或多或少地都经历过人际交往的困惑，也正是在这些困惑中，我们探索世界、觉察人性、接受现状，从对他人有要求到接受他人的不同，从接纳他人到接纳自我，成长是一个不断试错、不断摸索、不断进化的过程，在这个过程中我们要帮助孩子了解到这个时期的心理变化，也相信孩子眼前的苦恼和困惑都是暂时的。

（二）在行动中体会融入的快乐

当孩子很难融入他的环境的时候，作为家长不是直接帮助孩子扫清障碍、解决问题，而是耐心地坐下来与孩子共同面对、一起探讨：如何对别人好、如何看到善意、如何有分寸地表达想法、如何照顾别人的感受、如何坚持自己的立场、如何化解矛盾和冲突、如何适时地妥协和退让……这是一个孩子走向社会化的过程，也是孩子在成长中需要走的路，在这个路程中，我们永远可以做的就是给孩子无条件的爱和安全感，让孩子感受到爸爸妈妈是他最坚强的后盾，鼓励孩子积极付诸行动、收获友谊，即便感受到了伤害，也相信他有自我修复的能力。

（三）在提问中启发思考

当孩子主动向我们表达感受、求助时，不要先入为主地批判和说教，可以问问孩子：发生什么事了？事情的经过？在这件事中的感受？猜想对方的感受怎样？希望这件事如何发展？打算怎样解决这个问题？这个过程中可以重复孩子的描述，帮助孩子确认他的想法，孩子也可以通过你的重复觉察问题所在，允许孩子随时纠正。注意：不评价孩子想法、不强迫孩子接受你的想法，鼓励孩子自己积极面对和解决，即便孩子目前不打算处理，也要尊重孩子的选择，不责怪和批评……可能对很多家长很难，但为了孩子有自己的力量适应和融入环境，家长们需要给自己做一下心理建设。

26 孩子总是自我否定怎么办？ —— 董晔

【案例】

凯文，小学二年级男生，9岁。学习成绩优异，始终在班级前5名，但经常说："我不行""我做不好""我真笨""我学不会""我肯定又考砸了"……探究孩子心理，一部分孩子会认为，自我否定是谦虚的表现，说自己不够好可以避免失败带来的心理落差；另一部分孩子则从小就在批评否定中长大，久而久之，也习惯了自己不行的想法。

【问题】

• 孩子总是自我否定怎么办？

（一）帮孩子重建内心规则

5~10岁是孩子内心规则建立的重要时期，这个时期，父母有个重要的任务是有自由度地形成内在规则，如果父母经常用批评指责的态度去约束孩子，他通过自我的体验便建立起了"我不行"的内在规则系统，即便是带有痛苦的体验，他也会遵循这个内在规则。这个时候，父母要允许孩子不断尝试锻炼自己的各方面能力，关注孩子探索和行动的能力，这个时候可以告诉孩子什么可以做、什么不可以做，但不要带有批判和指责，不要吝啬表扬，要知道，你的每一句真诚的表扬都是在建立自信的基础，而你的每一句否定，也都将在孩子内心留下痕迹。

（二）要允许孩子自由决策和承担责任

这需要父母有一定的心理力量和包容的空间，不论是行为上的探索还是认知上的突破，我们可以选择在相对安全的范围内鼓励、启发孩子进行自我决策，同时不管结果如何，父母要以抱持的态度，允许犯错、启发纠错、鼓励承担任何结果，正向积极鼓励孩子。认知行为治疗派的宗师唐·密西苯姆（Donald M.）做过一个很有趣的研究，发觉孩子的成就在很小的时候就定出高低：聪明的孩子愈来愈聪明，笨孩子则愈来愈笨，他相信这种现象归根于成人与孩子的互动，根据他的分析，聪明的孩子会给老师或家长带来满足感，而成人对孩子的认可是一种鼓励，启发孩子表现得更佳。同样，对于经常被批评否定的孩子缺乏被鼓励的自信，画地为牢，不敢自由探索和决策，因为做什么都是错。

对于常用自我否定自嘲的孩子，不用过分强调他的否定，可以试着与他探讨这样自嘲背后的心理需求：总是自我否定你获得了什么？是否可以从其他方面获得你的需求？发生怎样的变化你会不再需要用否定看待自己？

作为家长，不管孩子是口头禅还是真的不自信，我们都要反思一下自己的教育理念和培养模式，相信、鼓励、陪伴、减少消极暗示、给予充分的肯定和支持、允许孩子成为自己……可能需要父母重新适应和改变一下了。

行为篇

27　孩子沉迷于游戏怎么办？

—— 陈保平

【案例】

　　小明，男，17 岁。从小懂事好学，开朗活泼，但是从高二开始沉迷于游戏，也不爱学习了，父母很是头痛，开始还有耐心给孩子动之以情、晓之以理，但是收效甚微。后来爸爸开始变得暴躁，给孩子断网，摔过手机、电脑，甚至打过孩子；仍然没有用。孩子没有手机游戏玩，就割腕，闭门不出，以死相逼。父母把自己所能用的办法都用过了，仍然毫无进展，把父母搞得束手无策。

【问题】

⦿ 孩子沉迷于游戏怎么办？

（一）如何解决孩子沉迷于游戏

我们要知道，要孩子远离游戏并恢复学习，这是父母的需要。如果我们不了解孩子想要什么，单方面想把孩子变成我们想要的样子，就无法得到孩子的配合。我们就无法达到目的。所以，我们经常看到的情况是，父母为孩子网络成瘾急得像热锅上的蚂蚁，孩子却无动于衷。这个时候父母应该冷静下来，了解一下孩子为什么沉迷于游戏？孩子想要什么？

（二）导致游戏成瘾的原因

导致游戏成瘾的原因是多方面的，很多沉迷于游戏的孩子，往往是压力太大出现各种情绪，比如委屈、抑郁、焦虑等。但这些情绪无处释放。孩子通过玩游戏来缓解压力。这是孩子在进行自救。如果孩子没有其他途径缓解压力，又强制孩子不玩游戏，只能把孩子逼得走投无路。有些孩子也因此采取极端行为。所以，要想解决沉迷于游戏的问题，不能简单戒断孩子对游戏的依赖。而是要帮孩子缓解压力，让孩子有其他可以依赖的人。可是谁来承担这个责任呢？动力最强的自然是父母了。遗憾的是，沉迷于游戏的孩子，从父母那里往往感受到的不是理解支持，而是压力。这也是孩子依赖于网络游戏的一部分原因。当孩子出现问题了，父母就着急，脾气就越来越大，孩子压力也就越来越大，他们就更依赖游戏。父母的反应也成为孩子游戏成瘾加重的原因。这样就形成了恶性循环。

另外，父母经常只看到孩子游戏上瘾影响学习，没有看到孩子的情绪不好需要游戏来缓解，没有看到有些孩子甚至不想活了。当孩子的这些情绪无法得到父母关注，就很难从父母那里获得情感的支持。

所以，要帮助孩子从游戏里走出来，需要帮助孩子处理好情绪问题，父母需要学会怎么和孩子相处、和孩子改善关系，在关注孩子学习的同时，还要关注孩子的感受。当父母和孩子的关系得到改善，孩子的情绪在父母那里得到理解，孩子可以依赖父母了，就不需要那么依赖网络游戏了。

28 孤独症青少年面对的主要困难是什么?

—— 任传波

【案例】

小明,11岁男孩,在特殊学校上学训练。据妈妈介绍自小孩子与其他孩子不同,不会说话,与父母也无眼神交流,与父母也不亲,喜欢独自玩耍,喜欢一些独特的东西,当时去儿童医院诊断为孤独症,经过康复训练后,会说话了,但分不清"你我他",经常重复他人说话,行为刻板。在学校内,看着那些青春期孤独症孩子出现冲动、伤人等行为,就越来越焦虑,故来咨询孤独症孩子在青春期都可能出现什么问题?如何应对?

【问题】

⊙ 孤独症青少年面对的主要困难是什么?

(一)孤独症现状

根据《中国孤独症教育康复行业发展状况报告Ⅳ》指出,孤独症是一组以社交沟通障碍、兴趣或活动范围狭窄以及重复刻板行为为主要特征的神经发育性障碍,大多起病于儿童早期,持续终身,需要全生命周期的支持。数据显示,截至目前,我国儿童孤独症患病率为7‰。迄今为止尚未有一种FDA批准的药物可以有效地针对孤独症的核心症状进行治疗。没有治愈药物,终身康复训练,是这些孤独症人群及其家庭所要面对的真实困境。

(二)孤独症青少年面对的困难

孤独症孩子到了青春期,由于生理和心理方面都会发生巨大的变化,导致或轻或重的问题情绪与行为产生。其主要表现为以下几方面:

1. 相关研究发现，孤独症孩子"性"系统的发育成熟并不会因其生病落后或消失。反而不恰当的性行为频频出现，并难以遏制与改正，比如男生可能随时随地在性冲动下进行自慰，或是触碰他人隐私部位；女生无法应对经期时的身体不适，又或者会把玩卫生巾。

2. 在行为方面，孤独症孩子因语言表达及社交技能方面的困难，多达56%的自闭症患者会有攻击性和自伤性行为，尤其会对看护者有所攻击。此外，部分孩子的刻板行为有所增加，甚至出现强迫性行为。

3. "高功能"孤独症人士反而会比"低功能"孤独症人士面临更大的挑战，因为他们会有更严重的焦虑、感觉障碍和社交沟通障碍所带来的困扰。

（三）如何应对

许多年前刚接触孤独症时，听我的老师对家长说过，教会孩子三件事：自己吃饭，自己穿衣服，自己大小便。简简单单一句话学会技能，在青春期给予关注，发现特点，加以利用，必要时给予药物，对症处置，终生陪伴，终身训练。

推荐几本书籍，希望能够帮助家长们学习到陪伴孩子顺利度过青春期的相关知识：

1.《当智力障碍和孤独症青少年进入青春期》，[英]弗雷迪·杰克逊·布朗，莎拉·布朗，[译]贾美香，吉宁。

2.《写给孤独症儿童父母的101条小贴士：男孩篇》，[美]肯·西里（Ken Siri），[译]王庭照。

3.《写给孤独症儿童父母的101条小贴士：女孩篇》，[美]汤尼·莱昂斯（Tony Lyons），金·斯塔格利亚诺（Kim Stagliano），[译]杨中枢。

4.《社交潜规则以孤独症视角解析社交奥秘》，[美]天宝·格兰丁，肖恩·巴伦，[译]张雪琴。

29 如何理解幼儿破坏玩具的行为？ —— 任传波

【案例】

　　小熙，5岁男孩，幼儿园大班。爷爷奶奶陪同。奶奶说孙子聪明又伶俐，在幼儿园与其他小朋友关系也好，喜欢枪、汽车、飞机、乐高等玩具，但经常将这些玩具拆来拆去，"搞破坏"，家人也没在乎，最近听人说，儿童破坏玩具是一种病，为此非常担心不安，故来咨询，如何理解？听完奶奶说完后，我也给爷爷奶奶讲了一个大家都非常熟悉的故事：华盛顿砍倒樱桃树，在这故事的结尾华盛顿说自己砍树的想法是："爸爸，樱桃树是我砍的！我只是想试试您送我的斧头是不是很锋利。"听完故事，老人带着孩子轻松地离开。

【问题】

⊙ 如何理解幼儿破坏玩具的行为？

（一）破坏性行为

　　在咨询门诊中，我们经常会遇到破坏玩具等物品的儿童，孩子的这种状况是心理学家所说的儿童破坏性行为，爱搞破坏是孩子成长过程中出现的正常现象，虽然他们表现程度不同，但都是有一定原因的。可分为无意破坏和有意破坏两类。

（二）破坏性行为的背后原因

　　1. 儿童正常的探索行为：儿童在强烈的好奇心促使下，会出现超乎寻常的探索行为，儿童会进行一些自己认为理所当然的活动，在父母眼中是破坏；对孩子而言是一个好玩的寻宝游戏。此时，应注意观察孩子动作的特征：他是有条不紊、专心致志地在做这个游戏；还是心有旁骛地一概破坏呢？如果孩子的举动有专门指向，且边界明确，那就是一种探究行为了。

2. 儿童不良情绪的宣泄：儿童在活动之前有不愉快的情感体验，而又不知道如何进行适当的表达时，就有可能以一种破坏性行为作为不良情绪的突破口。

3. 儿童对失败的手足无措：儿童在探索过程中，多次尝试失败后，挫折感往往会激怒年幼的孩子，为了发泄自身的沮丧感，儿童就会发作一些破坏性行为。

（三）如何应对

对儿童在活动中出现的破坏性行为，家长不要一味地指责孩子或者视而不见，而是用探究的眼光去看待，寻找他们行为背后的原因，只有做出正确的判断，才会有助于进一步分析孩子进行破坏的原因，采取积极有效的教育措施，引导孩子在成长的过程中养成积极探索的好品质。切忌想当然主观臆断后对孩子进行批评教育。

30 孩子讲话"态度蛮横"正常吗？

—— 任传波

【案例】

　　小英，14岁女孩，初二学生。妈妈说孩子从小一直是个乖乖女，自上初中后态度蛮横，说话像吃枪药似的，每天和她说话小心翼翼，无法沟通，关系紧张；而孩子则说妈妈天天唠叨个不停，长篇大论说道理，什么都管，不给她自由，说着说着二人在诊室内又吵起来了。妈妈说在家里经常这样，经医生一系列问诊和检查后，未发现孩子存在精神疾病，那讲话态度蛮横是怎么来的？正常吗？征得二人同意，随之在诊室内进行一次角色扮演后，妈妈恍然大悟，泪流满面离开了诊室。

【问题】

⊙ 孩子讲话"态度蛮横"正常吗？

（一）"态度蛮横"的原因是什么

在很多家长眼中所谓的态度蛮横，就是孩子不听话，不听从父母安排，无法控制自己的行为和情绪，有的时候孩子会对着家长发脾气、辱骂家长，甚至有一些冲动行为，家长越管越严重，最后亲子关系紧张，两败俱伤。那造成这种态度蛮横的原因是什么？

1. 习得性行为：孩子犹如父母的一面镜子，父母在镜子前做什么样的动作，孩子自然就会去效仿。孩子逆反的行为、反叛的语气，很多时候都是父母"教"出来的。在咨询中，我们经常会听到父母对孩子这样说："快点写作业，就知道玩""你心里没点数吗？""你就作吧，气死我了"……流露不满意的表情，讽刺挖苦，态度强硬。"潜移默化""耳濡目染"，想想孩子学会了什么？

2. 青春期孩子成长的需要：众所周知，青春期的过程，是少年逐渐摆脱父母、走向成人的过程，这一过程，称为"心理断乳期"。他们既想独立又想依赖，故他们内心强烈抗拒父母的耳提面命，于是通过顶嘴、脾气暴躁等叛逆性行为，来跟父母针锋相对，来显示自己的存在。有一份调查显示：约70%的孩子在青春叛逆期会和父母唱反调，75%的家长认为顶嘴是孩子成长中最令人讨厌的事情。著名心理学家阿德勒在《自卑与超越》书中写道：许多青春期的逆反行为，都出自展现独立性、追求与成人平等。所谓的叛逆、唱反调，只是孩子在用对抗来维护自己的心理空间，用顶嘴来维护自己的主权，而非品行问题。

（二）如何改变这种蛮横态度

想想本文中开始所说的就诊的母女，经过角色扮演后妈妈深刻体会到孩子的感受，理解和接纳，此后经过多次家庭治疗后，妈妈表达了对孩子的尊重，做到多听少说，相信孩子，建立安全型亲子关系，再也无所谓的"态度蛮横"。总之，亲子关系犹如回声的山谷，父母发出什么样的声音，孩子自然会回馈怎样的声音。父母对孩子说话粗暴，孩子自然满身戾气；父母对孩子说话温柔，孩子自然回馈平和；都说父母的嘴，决定孩子的路。

31 孩子为什么总跟小朋友发生冲突？

—— 任传波

【案例】

小乐，7 岁男孩，二年级。妈妈说孩子自上幼儿园后经常顽皮，经常因拿其他小朋友的东西而发生冲突，家里经济条件也好，也不缺孩子东西，问其原因，只说这样好玩，经教育后有所改变。上学后经常打扰同学，有时因推搡其他同学，引起冲突，父母经常被叫到学校赔礼道歉，老师建议找心理医生看看。经过详细询问病史和一系列的检查，考虑孩子为多动症，家长更加困惑了，问："多动不是小动作多吗，而他为什么总会与其他小朋友发生冲突？"

【问题】

● 孩子为什么总跟小朋友发生冲突？

（一）了解多动症

"多动症"，是最常见的儿童行为问题，以持续存在的与实际年龄不符的注意力不集中和多动 / 冲动为特征，可存在不同场合的过度活动，影响社交、家庭及学业等多种社会功能；影响着 4%～12% 的学龄儿童（男：女 =4～9：1），全球发病率 7.2%，我国发病率 6.26%。66%～85% 患儿的多动症可持续到青少年和成年期。

（二）多动症孩子冲突问题的本质是社交问题，生活中的表现如何

1. 常不顾对方感受去搂抱、拉扯、推搡别人。
2. 受到挫折、感到失望时，常常做出破坏行为，使其他孩子受到威胁。
3. 只顾自己，而不考虑他人的感受，他们不考虑事情的后果，因而认识不到以自我为中心将会失去朋友。这种社交问题会影响孩子的自尊心，甚至产生孤独

感，也会带来诸多的情绪问题。

（三）最后在诊室内和小乐妈妈共同决策以后怎么办，解决目前现状

1. 首先接纳孩子问题，陪伴孩子，寻找榜样，尽早给予药物对症治疗。

2. 同时家校医结合，通过在家和学校训练多动症孩子学习基本的社交技巧。

3. 借助家庭奖励系统，鼓励多动症孩子恰当地运用社交技巧，从而帮助其改善同伴关系。

经过一学期的治疗后，再次复诊，小乐骄傲地对我说自己交了好几个好朋友。

32 为什么有些孩子爱撒谎？ —— 姜琳

【案例】

涛涛，13岁。在学校经常说自己的父亲是大官，家里有很多钱（实际父亲因冲动杀人入狱，母亲因病卧床）。回家则经常告诉家长学校收各种学杂费，实际都自己拿去花了。作业没写，到学校谎称落家里了，回家则说在学校写完了。经常买一些小玩具给同学玩，一旦对方接受，则向对方要钱，自己则挣取购买差价。直到有一次学校收校服的钱，老师数日后联系家长并询问为何还不交钱时，家长才发现，孩子一直在撒谎。

【问题】

• 为什么有些孩子爱撒谎？

孩子的认知能力不成熟，有时会说出一些夸张的话，并不是故意撒谎。

孩子是否说谎很大程度上受多方面因素的影响。如环境因素：相对严酷的管理环境，孩子容易出现撒谎行为，因为孩子预判自己说真话会受到惩罚，所以为了保护自己避免惩罚而撒谎。还有周围人的榜样作用，如一个亲戚罹患癌症，家人们会用善意的谎言掩盖他的病情，此时孩子也学会类似的处理方式。从众行为，当大家都说谎时，大部分孩子都会跟随。当第一次撒谎之后没有被发现，反而获得了好处，孩子会滋长继续撒谎的行为。孩子自身的因素，当孩子的自卑情结十分严重时，有些孩子会用谎言武装自己，甚至真的认为自己是谎言中那样的生活，在谎言中弥补自信的不足。有一些孩子撒谎，骗钱可能与其欲望不能被合理地满足有关，如家庭中不允许孩子有自由支配的零花钱，或不允许孩子按照自己的意愿买东西，总是否定孩子的要求等，久而久之，孩子对家长失去信心，用自己的方式获得钱物。还有同伴的影响，有时孩子未来能融入群体或获得同伴的认可而撒谎。还有，孩子罹患了疾病，如品行障碍的孩子撒谎是常见的临床表现，不分场合地点，经常撒谎，还有逃学、打架、欺凌弱小等其他症状。需要精神心理方面系统的治疗。

平时家长要注意孩子的生活、学习状况，建立信任的家庭环境，关注孩子的需求，给予孩子适当的支持和鼓励，如果达不到孩子的要求，可以鼓励孩子将来发展出更强的能力来获得。当孩子撒谎时，要及时发现，并给予指出，注重沟通与倾听，指出后要发现孩子撒谎背后的真正动机是什么，制订修正计划，理解和尊重孩子，让孩子有机会改正撒谎行为。设置明确的规矩，合适的惩罚，但要避免过度严厉。如无法用常规方法改善孩子的行为，持续存在超过 6 个月，则需寻求专业的支持，心理咨询或精神科就诊。

33 如何协助孩子改善专注力？ —— 任传波

【案例】

小文，8岁男孩，三年级。下午出门诊时，当孩子进入诊室后，主动和医生说话，自来熟，小动作多，一会动动电脑，一会儿又玩其他东西。妈妈说孩子就这样，做什么没有长性，没有专注，学习也是这样，虽然智商高，但学习成绩差，家人忧心忡忡，老师建议到儿童心理门诊看看，如何改善孩子专注力？

【问题】

（一）什么是专注力

专注力又称注意力：一般指的是一个人专心于某一件事或者一个人心理活动指向，也可以说人在进行某项活动时，能够集中精力、全神贯注的能力。对于孩子来说，专注力是他们学习、生活和成长过程中不可或缺的品质。

（二）专注力差的背后原因

1. 病理因素：大脑发育不成熟，存在多动症、精神发育迟滞、感觉统合失调等疾病，影响孩子专注力。

2. 环境因素：孩子身边环境嘈杂，干扰过多，或者学习和生活过程中被过度地关注会导致专注力下降。比如孩子在玩玩具，家长要去干涉指导一下，孩子在玩或做某一件事情，大人要喂点吃的呀、喝的呀，尤其老人和母亲最为明显。

3. 心理因素：为了引起他人注意，得到关注，或者为了逃避父母给予的过重的负担，便下意识地通过一些行为来达到目的。心理压力过大，不良情绪、心理疾病等，都会影响注意力的集中。

（三）改善专注力的方法

1. 对于病理因素造成的专注力差，给予康复训练（感统训练和体育运动等）及药物对症治疗。

2. 创造良好的学习环境，环境是教育的基础，为孩子创设与提供适宜成长的家庭环境和学习环境是让孩子专注的前提。一个安静、整洁、舒适的学习环境，有利于孩子集中精力。

3. 家长应该及时关注孩子的情绪变化，营造轻松、平等的家庭氛围，鼓励孩子表达自己的想法，注重孩子的心理教育与疏导，及时发现并解决孩子的心理问题，要尽量减少对孩子唠叨和训斥的次数，让孩子保持良好的心态。

34 孩子为什么拒绝与父母交流？ —— 刘宏

【案例】

静静上初中了，有自己的手机，有自己的微信朋友圈，慢慢学会在微信朋友圈发一些消息，开始爸爸妈妈看到很高兴，后来爸爸妈妈每天都会看静静的朋友圈，有时会对静静的微信朋友圈的内容进行批评教育。有一天妈妈发现自己被屏蔽了，妈妈很着急，担心孩子会有什么事情，不能及时帮助孩子解决，于是通过他人的微信去看孩子的微信朋友圈。静静发现后甚至把向妈妈"告密"好友也屏蔽了。

【问题】

● 孩子为什么拒绝与父母交流？

从心理学角度来看（分段），0 ~ 1 岁的婴儿完全需要他人的照顾；1 ~ 2 岁开始能够慢慢地下地行走，可以开始有一些简单发音或者言语；到 3 岁左右可以自己独立行走，会有一些简单言语，有时会不听他人的指令，或者会表达一些自己简单的想法，如要外出玩耍，想要某些玩具或者东西等。但还是完全依赖父母的状态。

3 ~ 6 岁的儿童多数时间是在幼儿园活动，开始有自己的好朋友、喜欢的小伙伴，甚至一起说一些悄悄话，当然有的孩子会告诉爸爸妈妈在幼儿园的事情，有的孩子爸爸妈妈问起来会说一些有关的内容，有的不大会表达。

6 ~ 12 岁进入青少年时期，小伙伴开始多了，可以一起玩游戏，开始会有越来越多的想法，变得越来越独立，他们非常希望有自己的空间，虽然能够表达自己的想法，但实际上又没有完全独立，对父母也不大敢反抗。

12 ~ 18 岁时期在中学阶段，经济上还得依赖父母，属于半独立半依赖状态，内心处于矛盾状态，他们希望自己有更大的思想空间，有时表现为不愿与父母交流，如果父母过于介入，就会遭到拒绝，父母看到孩子不愿交流，更加担心孩子，害怕会出现什么问题，甚至会通过孩子的朋友去打听孩子的情况，反而导致孩子更加反感，因而进入恶性循环中。

因此当儿童、青少年不愿与父母交流时，只要没有什么明显不正常表现，或者危险表现和行为，就不要过于干涉。平常父母与孩子保持适当关系，不过于亲密，也不太疏远。父母随时做好孩子需要做的事情，孩子不需要的事情父母一定不要去做，父母尤其不要随便偷看孩子的手机、微信朋友圈，让孩子保留自己的空间，得到孩子的信任，孩子也会主动分享自己兴趣爱好。

35 自残是真的"想死"还是在"吓唬家人"?

—— 许俊亭

【案例】

小明，14岁，目前在上初二。最近小明每天上学前就觉得头痛、心慌，有时候勉强坚持到学校会头痛得厉害，为此妈妈带领小明到医院检查，各项身体检查都没有问题，妈妈拿着检查结果告诉小明，你看，你并没有什么问题呀？可是以后的日子里小明还是头痛、心慌，妈妈又带领小明去另外一家医院检查，还是没有查出问题。妈妈就认为小明就是不想上学，就是想偷懒。小明感到非常的委屈。有一天小明不经意间用刀划了自己一下，突然觉得心里一下子平静了下来，之后，每当小明烦躁不开心的时候，都会用小刀划自己手臂。有一天跟妈妈争吵后小明当着妈妈的面拿小刀划自己，被妈妈劈头盖脸地一顿训斥，认为小明就是不想上学，现在又拿这一套来吓唬自己。小明越发的无助。直到后来被老师发现小明伤痕累累的前臂，才通知家长带小明来心理门诊就诊。

【问题】

● **自残是真的"想死"还是在"吓唬家人"?**

首先我们来看一下什么叫自残？自残的医学术语叫非自杀性自伤行为（Non-suicidal self-injury，NSSI），是指人们不以自杀为目的而刻意地伤害自己的身体的行为，这种行为往往不被社会接纳，具有反复性、蓄意性、间断性。NSSI行为的表现多种多样，主要有用利器划伤四肢（以前臂最为多见）、用双手砸玻璃及用火烧伤自己的皮肤、组织、毛发等。

看到以上的介绍，可能有很多家长朋友们会说，既然自残并不是真的想死，那不就是在吓唬家长吗？

我们来看一组数据，根据国内外的调查发现有14%～17%的青少年会出现

NSSI。研究还发现具有 NSSI 行为的人在第 1 年内的自杀风险为 0.7%，是普通人群的 66 倍（我国普通人群自杀比例为 8/10 万·年）；5 年、10 年、15 年内的自杀风险分别增至 1.7%、2.4% 和 3%。非自杀性自伤可能发生在自杀之前，作为一种"练习"，其伤害形式与损伤程度较自杀行为更为"温和"，但同时却提高了将来可能自杀的风险，因此，NSSI 是自杀的重要的、独立的影响因素。

自残的孩子自杀风险高！

所以，千万不要认为孩子们的自残行为是在吓唬家长的！！！

青少年为什么会出现自残行为呢？作者根据多年的工作经验，收集到青少年出现自残行为的一些原因："童年时期受到过虐待""犯一点小的错误父母也会惩罚我""在别人面前唠叨我做过的事，使我感到难堪""父母根本就不理解我""处理不好同学关系""当众丢面子""经常有想摔东西的冲动""考试失败成绩不理想""常常感到紧张"。上述这些都是心理因素。当然，科学家们也发现一些生理因素：比如当青少年出现自残行为时，科学家们发现他们体内的内源性阿片肽（一种让人感到开心愉快的激素）水平会有少量的增加，而这些少量增加的内源性阿片肽可以让自残的孩子们得到片刻的开心与愉悦感，因此当孩子们出现自残行为时，很多孩子的内心是开心的，或者至少会像小明那样，自残以后没有以前那么烦躁苦恼了。科学家们还发现，青少年的大脑皮层发育尚不成熟，在遇到学习压力大、同伴关系不良等负性生活事件时，更容易产生抑郁、失败感等情绪，自己又没有足够的应对技能，当偶然间发现自残可以让自己开心或平静一些，以后他们会频繁地使用这个技能来应对各种挫折和困难！

当孩子出现自残行为时，家长们该怎么办？首先要理解孩子，"你一定是遇到困难了才这样做的，有什么事可以跟爸爸妈妈说说吗？如果你愿意说，我们非常愿意听，看我们能不能帮到你，我们一起来解决"。如果孩子们愿意说，请家长们耐心倾听，不要指责，不要抱怨，不要批评！如果孩子们不愿意说，家长可以告诉孩子"相对于成绩和其他，我们更愿意看到一个快乐的你，如果你不开心，我们也会很难受的""不管你能取得什么样的成绩，我们都会以你为骄傲的""要不我们出去走走吧""你们这一代的孩子真的太不容易了，如果太累，我们先缓一缓吧""如果你觉得我们帮不到你，我们去找心理医生看看吧"。尝试以上的沟通，看看孩子们会有什么不一样的表现。

【附】《美国精神障碍诊断与统计手册》第 5 版关于 NSSI 的诊断标准：①在过去的 1 年内，≥ 5d 个体从事对躯体表面的可能诱发出血、瘀伤或疼痛（例如割伤、灼烧、刺伤、击打、过度摩擦）的故意的自我损害，预期这些伤害只能导致轻度或中度的躯体损伤；②个体从事自我伤害行为是为了从负性的感觉或认知状态中获得缓解或解决人际困难或诱发正性的感觉状态；③这些故意的自伤与出现人际困难或负性的感觉想法或从事该行动之前有一段时间沉溺于难以控制的故意行为或频繁的自我伤害有关；④该行为不被社会所认可，也不局限于揭疮痂或咬指甲；⑤该行为或结果引起有临床意义的痛苦，或妨碍人际、学业或其他重要功能；⑥该行为不仅仅出现在精神病性发作、谵妄、物质中毒或物质戒断时，该行为不能更好地用其他精神障碍和躯体疾病来解释。

36 孩子拿家里的钱就是偷吗？

—— 赵爽

【案例】

小强是一个 10 岁男孩，家里独生子。他的妈妈有个大包，平时放一些零用钱和杂七杂八的东西。有一天妈妈发现包里少了 50 元钱，当时以为自己记错了没有多想，过几天发现又少了 20 元，这时妈妈怀疑起了小强，在给他收拾屋子时发现藏在被子里的零食和玩具，还有 5 元钱。当时妈妈就认为钱是小强拿的，心里很不是滋味，认为孩子长这么大想要什么东西家里都会尽量满足，平时孩子也很乖巧、是个阳光开朗大男孩，怎么就变成这个样子了呢？

【问题】

◉ 孩子拿家里的钱就是偷吗？

首先，家长们要了解孩子行为诱因，不要轻易地对孩子打击批评指责，"大惊小怪"，很多家长会把孩子偷拿钱的行为上升到道德层面，指责孩子，暴打一顿孩子，甚至给孩子扣上帽子"小偷"，轻易给孩子的行为定性，也容易使孩子的内心没有安全感，增加自卑感，这样的做法很容易伤害到孩子的自尊心，长时间孩子变得叛逆起来。

其次，在孩子小的时候对于金钱的认知还是很模糊的，父母有必要先了解孩子偷拿钱行为背后的原因究竟是什么，是他想要一个玩具、小食品，还是为了满足自己的虚荣心，或是其他目的。要查明真相后给予孩子最贴心、最有效的帮助。父母应将关注的重点放在孩子为什么拿钱和拿钱去做了什么？事实可能是孩子拿钱去买了自己喜欢的玩具或零食，但是因为"手段"不当，导致父母对孩子的误会。孩子认为爸爸、妈妈都能拿，我也可以拿，自己也是这个家庭成员之一。所以，父母正确地引导孩子很关键。

再次，如果孩子在成年时拿别人家的钱或是东西，那就不一样了。失去了家庭这个纽带，无论什么原因或者做了什么，都算是偷。记得在我上大学二年级时，我们一个寝室的女孩，母亲是在银行上班，父亲在油田上班，独生子女，家庭条件还算优越，但她就喜欢拿别人的东西，当时我的洗手液被她拿走了，后来手机被她拿走了，还有同寝室同学的相机也被拿走，我们班里的东西也总是"不翼而飞"，经过老师的调查，发现是这位张同学拿的，这些东西她自己也都有，可她就是喜欢拿别人的东西，她拿别人的东西已经成为一种习惯，并且拿别人的东西使她感到快乐，就这样，久而久之的她也走上了犯罪的道路。同时，我们一定要避免，为孩子的一次"偷"钱行为，而对孩子贴标签。

干预方法：①父母要关注孩子的内心世界，了解孩子拿钱的目的、钱的去向？要让孩子知道可以主动向父母申请用钱。②在孩子不同阶段的成长中，父母可以在孩子不同的年龄段给予孩子适当的零花钱，并帮助其去管理和使用钱财，给孩子输出正向的价值观。父母要有针对性地教育孩子，进行正向引导，还可以鼓励孩子通过做家务劳动或者做一件好事，来获取利益和金钱。③在孩子小的时候不经过父母同意，随意拿父母的钱或是别人的东西，是要受到惩罚的。④家长要学会与孩子沟通，建立好的亲子关系，发现问题及时沟通，耐心引导，树立孩子正确的价值观。

37 如何教孩子使用智能手机？ —— 程洋英林

【案例】

小强，14岁，初中二年级。在暑假拥有了自己的第一台智能手机，此后每天他都抱着手机玩，用手机打游戏，父母和他说话他也不理睬，有时甚至连吃饭都要父母反复催促。开学后，小强每天一放学就迫不及待玩游戏。吃饭、做作业都要父母催促。父母限制他玩手机，他就和父母争吵。学习成绩明显地下降，和人交流也变少了，视力也变差了。父母带其到心理门诊就诊。

【问题】

⦿ 如何教孩子使用智能手机？

当今是信息化的时代，在我们的社会中，智能手机似乎成为生活的必需品。对于孩子而言，智能手机是否是必要的呢？首先，孩子使用智能手机有一定的必要性：①学习：智能手机可以帮助孩子获取知识、信息，比如查资料、看在线课程等。②社交：和朋友、家人保持联系，保证人身安全。③娱乐：玩游戏、看视频等，适当放松，丰富休闲娱乐的多样性。

那么有人就会问了，多大年龄的孩子适合使用智能手机呢？这是一个很有争议的问题。一般来说，孩子使用智能手机的合适年龄没有一个固定的标准，需要根据孩子的个体情况和家庭环境来决定。一些专家认为，孩子在6~8岁可以开始使用智能手机，但要在家长的监督下使用。也有一些家长可能会选择更晚一些让孩子接触智能手机，以避免过早沉迷和对眼睛造成伤害。作为家长，如何教孩子使用智能手机成为一个关键性的问题。

首先，在教孩子使用智能手机之前，要了解他们的需求和兴趣是很重要的。孩子的年龄和认知水平不同，因此需要根据孩子的具体情况来选择适当的教学方法和内容。

1. 以身作则：家长自己要树立正确的手机使用观念，不要在孩子面前过度使用手机，给孩子树立好榜样。

2. 制定规则：制定一些手机使用规则，例如晚上睡觉前不能使用手机、吃饭时不能使用手机等。这些规则可以帮助孩子养成良好的手机使用习惯。

3. 限制使用时间：具体使用时间尚无确切定论，根据美国儿科学会早些时候关于屏幕媒体使用的建议指出，2 岁及以下的儿童尽量避免使用屏幕媒体。3 ~ 5 岁的儿童每天使用时间应限制在 1 小时以内。对 6 岁及以上的儿童，家长应设定明确的媒体使用规则，确保不会影响他们的睡眠和身体活动，也有一些研究指出此阶段儿童每天使用手机时间理论上不应超过 2 小时。

4. 多与孩子沟通：与孩子保持沟通，及时了解孩子生活中遇到的问题，及时帮助孩子解决问题。

5. 培养其他兴趣爱好：鼓励孩子培养其他兴趣爱好，例如阅读、运动等，以减少对手机的依赖。

帮助孩子建立正确的手机使用观念需要家长的耐心和关注，同时也需要孩子的配合和努力。

学习篇

38　考试焦虑怎么办？

—— 李平

【案例】

　　女孩，14岁。从小学开始女孩就特别用功学习，成绩也名列前茅，在她的认知里，考试只能是前3名，不然就是"垃圾"。一直到初中，不知为什么成绩就没有以前那么优秀了，不管她怎么努力都在班里10名左右，渐渐地她特别恐惧考试，一看到试卷就心慌胸闷、恶心甚至大脑一片空白，考试成绩可想而知。女孩说她在考试时拼命想让自己不紧张，可越这么想越紧张，以至于紧张泛化，现在发展到见到老师、同学、到学校……都紧张，女孩哭诉道她要崩溃了，已经不想上学了……

【问题】

● 看似由考试引发焦虑，可是又是什么引发她的对考试的焦虑呢？

　　面对考试或者大型比赛，适度的焦虑是正常的，甚至会活跃我们的思维发挥出更好的成绩，我们要分析的是为什么同样面对考试，有些孩子会产生如此过度的焦虑反应。

　　一种异常反应的产生往往是多种因素造成的，比如社会因素、家庭因素、学校因素、自身性格特点以及特定事件的综合影响。上述女孩经过了解，父母对其学业要求极为严格，女孩说"我只有学习好才值得被爱"，孩子缺乏自我认同，依靠成绩的优秀体现自我价值，在这种核心思维影响下，成绩已经不是自我成长的需要，而是一种获取他人喜欢的一种内耗。家长们要想从根本上解决问题，就要对孩子"精准把脉"才能"对症下药"。

当然这需要一定时间的调整，那短期内如何做能快速缓解焦虑导致生理不适呢？

第一，我们要接纳焦虑，人有 7 种情绪"喜、怒、忧、思、悲、恐、惊"，所有的情绪不管是愉悦的还是痛苦的都有其存在的价值，焦虑也是其中的一种，其价值是人在面对一种未知的、潜在的危险时的一种正常的情绪反应，具有一定的保护作用，所以我们不要试图去压抑和控制焦虑，否则必然会引发"道高一尺魔高一丈"。

第二，深呼吸，按照 8-2-10 呼吸法进行调整，即吸气 8 秒保持 2 秒，呼气 10 秒，深呼吸能有效缓解当下焦虑引发的不适生理反应。

第三，脱敏训练。如果近期有重大考试，可以提前 1 周进行脱敏训练，在训练中给予积极暗示，这种训练需要一定技术，建议寻求心理咨询师帮助。

第四，如果上述方法效果都不理想，建议到专科医院就诊，检查是否存在焦虑、抑郁等疾病表现，必要时进行药物治疗。

39 如何促进学生的"身心健康"？ ——张晓南

【案例】

文文，女，11岁。四年级时，文文成绩优异。然而到了五年级，文文忽然记忆力下降，经常因为记不住知识点而崩溃大哭，时常感到头痛心慌，浑身无力，成绩一落千丈。母亲苦口婆心地劝说文文好好学习，声泪俱下地祈求文文变回过去的状态。然而文文没有好转，反而日益严重。去综合医院检查身体，没有发现任何问题。后经学校心理咨询师建议来到心理门诊检查，发现文文已罹患抑郁症。

【问题】

● 如何促进学生的"身心健康"？

（一）身心健康不仅仅是身体上的健康，还包括心理健康、社会适应能力的良好和道德标准的遵守。身体与心理的健康不是独立的，而是相互影响的。案例中文文不是身体健康出了问题，而是心理健康出了问题。学习的压力与母亲的期待让文文不堪重负，导致大脑中掌管记忆力的神经"罢工"，从而让学习变得更加困难。这样一来，文文的压力更大了，身体出现各种不适，学习成绩和心理健康水平一同飞速下坠，坠入抑郁症的深渊，不得不休学治疗。

（二）学生时期随着身体体质的逐渐成熟，大脑的认知能力迅速发展，思维方式和行为模式也会发生翻天覆地的变化，同时也是出现心理问题的高发期。无论是家长还是老师都需要积极关注和应对。

1. 首先，无论是在家庭中还是在学校中，我们都应该时刻关注孩子们的心理变化，主动倾听孩子的心声。有时候孩子会因为种种原因感到焦虑、烦闷、沮丧等，在这种情况下，我们作为家长和老师，不应该轻视孩子的感受，而是应该耐心倾听他们的烦恼，给予他们支持和帮助。

2. 其次，自信心是孩子们身心健康的重要组成部分。有自信的孩子们更容易展现自己的个性和才华，也更容易克服遇到的困难。作为家长和教育者，我们应该时刻鼓励孩子，积极听取他们的意见和建议，让他们感受到被尊重和重视，帮助他们树立自信。

3. 再次，健康的生活习惯对于儿童、青少年的身心健康至关重要。良好的睡眠习惯、健康的饮食、适量的运动、合理的学习计划等都能够帮助孩子们保持良好的心态。作为家长和教育者，我们应该给孩子树立正确的生活观念，帮助他们养成良好的生活习惯。

4. 最后，我们要鼓励和陪伴孩子，可以带着孩子去参加一些社区活动、文化活动、户外活动等，让他们与其他孩子进行互动和交流。在社交活动中，孩子们不仅可以结交新朋友，还可以进一步提高他们的社交能力和自信。

总之，学生的身心健康需要得到全社会的关注和支持。作为家长和教育者，我们应该积极采取措施，为孩子提供更多的保护和支持。通过倾听孩子的心声、树立孩子的自信、养成健康的生活习惯、积极参与社交活动等多种途径，我们可以有效提升孩子的心理素质，促进他们身心健康。

40 如何界定学习困难？

—— 姜琳

　　明明，小学二年级。妈妈总是苦恼孩子的学习成绩不理想，尽管教师反映其上课能安静听课，没有溜号。与同学交往也融洽没有矛盾。看上去挺精灵的孩子，在家里学习也认真，可是一考试就总是低分，尤其是语文，经常写错字，偏旁部首都搞错，阅读理解题总是答得不好，数学答题也常在简单问题上犯错，读课文也经常丢字落字，怎么那么马虎呢，谈心、训斥、奖励都无济于事，下一次还是犯同样错误。

【问题】

● 如何界定学习困难？

　　广义的学习，是指人和动物的经验获得及行为变化的过程。人类的广义学习是在生活中进行的。从这个角度来说，人的一生都在学习。狭义的学习是指学生在教师指导下有目的、有计划、有系统地掌握知识、技能和行为规范并提升学习能力的活动。通常所说的学习困难发生在狭义的学习中。从小学开始，不同于学前儿童的游戏，学习不但具有社会性、目的性和系统性，还带有一定的强制性。

　　学习障碍是指个体在听、说、读、写、推理和数学能力的获得和运用等涉及多个心理过程的活动中存在明显的困难或障碍。智力正常情况下，儿童是能够通过正常的学校获取知识，并取得与智商水平相当的学业成绩，但有些孩子却在某些方面能力欠缺。比如，有些孩子阅读速度慢，丢字错字，难以背诵，不能推理出整段文字表达的含义，这些都是特定学习困难中的特定阅读障碍。除此之外，还有特定计算障碍，如不能分辨数学术语、符号、难以正确排序，搞不清楚四则运算的顺序等。特定的拼写障碍，经常提笔就写错字、偏旁部首搞错等。这些都不是因为视力、听力问题，也并非智力受损的影响。这些障碍造成儿童明显的学习困难，通常在学前期就已经存在，不是因为教育方式的问题，目前有研究认为与大脑的不均衡发育有关，早产、低体重儿、遗传等因素也存在一定影响。有一些则共病孤独症谱系障碍或注意缺陷与多动障碍。

严重程度：

轻度：学习技能困难存在 1~2 个领域，程度轻微，适当调整可改善。

中度：显著的学习技能困难存在于 1 个至多个领域，需要一定的支持。

重度：严重的学习技能困难，影响多个领域，在校期间，如果没有进行持续的、强化的、个体化的特殊教育，患儿不可能学会这些技能。

1. 早发现。在学前期应注重与教师的沟通，了解孩子在学校各方面学习技能掌握情况，如有异常，及时就诊。

2. 早诊断。发现问题后家长可多与周围同龄儿童比较，若存在明显差异，尽早寻求专业医生的诊断。也应排除环境所致的学习困难。如儿童过多学业负担，超过孩子承受能力而出现的情绪行为问题或精神疾病。

3. 早治疗。确定孩子存在哪些学习技能障碍后，制定对应的学习技能训练、辅导。如阅读障碍的孩子可制定个别化阅读，即让孩子挑选阅读材料，根据孩子自己的阅读能力和速度进行等。不同的学习技能有不同的训练方法，需求助于专业人员，或特殊教育教师。有些孩子伴发焦虑抑郁情绪和适应困难、注意缺陷等，也可在精神科医生指导下使用适当的药物。

41 为什么孩子只要上学就会出现各种不舒服？

—— 张晓南

【案例】

小林，女，16岁。在高考冲刺的关键时刻，忽然一去学校就浑身疼痛、头晕恶心。但奇怪的是，一回到家，孩子就会恢复正常。去医院做了脑CT，拍了心电图，还抽血检查，结果什么问题也没有。于是家长认定孩子是装病，强行送孩子上学。然而小林走进校门后更加不舒服了，后来一上学就腹痛如刀绞，疼得大汗淋漓，脸色惨白。一离开学校，肚子立刻不疼了。

【问题】

⦿ **为什么孩子只要上学就会出现各种不舒服？**

（一）孩子身体不舒服，家长都会认为是孩子病了。当去医院检查不出什么问题，家长往往认为孩子是在装病。比如本案例中，小林上学就不舒服，离开学校又好了，真的像极了装病。但家长可能不知道，在"真病"和"装病"之间，还有另外一种情况——"心病"。孩子的不舒服在医学领域称为躯体化，是指一种体验和表述躯体不适与躯体症状的倾向，这类躯体不适和症状不能用病理发现来解释，但患者却将它们归咎于躯体疾病，并据此而寻求医学帮助。常见于抑郁症、焦虑症等心理疾病。常见的躯体化症状有心慌、手抖、呼吸困难、头痛、恶心、胃肠功能紊乱等。这些"心病"造成的躯体化症状可能在综合医院各项检查都正常，但痛苦是真实存在的。当孩子一上学就不舒服还查不出病因，不要武断地认为孩子是装的。应该耐心地与孩子沟通，问清楚孩子最近是否在学校遇到了什么困难？困难是来自学业？来自老师？还是来自同学？

（二）当问清楚原因之后，家长要充分理解、接纳、包容那个不愿上学的孩子，不要急于逼迫孩子去上学。比如，本案例中的小林因为高考压力过大导致惧怕学习，进而惧怕上学。负面情绪不断积累，无法疏解，导致她疼痛、头晕、恶心。家长强行送她上学，进一步加大了她内心的压力，加剧了心理问题，躯体化症状也变得更加剧烈。家长可暂时顺从孩子留在家中的意愿，多鼓励、安抚、拥抱孩子，给孩子营造一个轻松的氛围。适当降低对孩子的期望，并引导孩子不要对自己要求过高，这些都有助于舒缓学业压力。

（三）如果压力来自人际关系，比如和同学相处不愉快。应及时与老师沟通，帮助孩子解决问题，清除掉负面情绪的来源。

（四）心理问题发展到躯体化的地步，说明心理问题已经较为严重。必要时应求助专业的心理门诊，用专业的技术手段疏解孩子内心的压力。心理问题解决了，躯体化症状就会烟消云散。

42 家长如何应对厌学的孩子？ —— 李平

【案例】

小浩，男，15岁，高一学生。进入高中后学习难度陡增，渐渐发现自己不管如何努力成绩都不理想，对学习也逐渐提不起兴趣，但也很纠结觉得如果不上学，自己连一个高中毕业证都没有如何就业，在这种矛盾中晨起困难，找各种理由磨蹭、拖延，上学经常迟到，上课也经常注意力不集中，不愿意写作业等，最近玩手机的时间明显增多，家长有时劝说几句孩子就大发雷霆，扬言不想上学了……

【问题】

◉ 家长如何应对厌学的孩子？

当孩子产生厌学的态度时，家长往往是恐慌和焦虑的，各种亲子之间的博弈大多效果欠佳，甚至两败俱伤。客观来看，问题的产生是社会、家庭、学校、学生等多重因素交织形成互为因果的不良呈现，是孩子成长过程中的系统功能不良的后果表现，如果把问题全部归咎于孩子自身，把孩子当成唯一的问题靶向，那么很可能就会导致恢复孩子学习能力和主动性的失败结果。

当今社会各种形式的竞争一时间难以缓解，自媒体、网红、偶像、游戏以及耀眼的创富明星等网络视野也让孩子感到方向迷失，浮躁的社会氛围成为孩子厌学的温床，作为孩子成长的坚实后盾，家长要把握自己的情绪和看待事物的态度，帮助孩子过滤掉一些来自社会的负面信息，过程中要避免讲大道理引起反感，要站在孩子的角度上一同寻找解决问题的方法和发展方向，间接保护孩子免受社会角度的不良影响。

从家庭层面看，厌学的孩子背后往往有一个充满冲突和问题、难以为孩子提供情感和支持的家庭。父母有义务处理好夫妻关系，保持稳定情绪，把夫妻存在的问题与孩子隔离开，避免情绪越界让孩子分化学习精力甚至参与其中。家长对孩子的学习要有客观且统一的期待，避免远超孩子能力的学习目标。除此之外，如果孩子出现厌学甚至休学，家长千万不要觉得天塌了，整个家庭仿佛陷入泥潭一般，有的家长甚至辞去了工作，专职在家照顾孩子、其实在孩子的休整期间，其状态是非常无助和茫然的，家长如果也唉声叹气、愁眉苦脸、相互怨怼只会使整个家庭越陷越深。卑微、过度接纳甚至讨好的父母是无法给家庭提供能量的。所以家长们要调整好自己的状态，过好自己的生活，做好自己的工作，面对孩子的情绪失控要冷静处理，允许孩子情绪宣泄，也要守住底线。

从学校及从孩子自身层面看，其对学习的意义不够清晰，自我认同和价值感缺失是导致厌学的主要原因。在校表现与同学或者老师的关系紧张，作为家长要与孩子共同面对困难，及时和老师沟通帮助孩子分析具体的学习困难是什么，学习态度及学习方法是否存在问题，孩子在校人际交往是否存在困难导致孩子无法专心学习等，找到问题后陪伴孩子调整和改变，先设定比较容易完成的小目标，鼓励孩子提升其自信心，逐步帮助取得阶段性进步，帮助其建立克服逆境的心理弹性及抗挫折能力，可以通过家校合作或者心理治疗的方式支持孩子摆脱困境。

最后，有些拒绝上学孩子存在一些精神症状，早期比较难以发现，如果发现孩子说了一些与事实明显不相符的情况，或有些奇怪的举动，或者抑郁情况比较严重，存在明显自杀、自伤倾向，建议及时到专科医院进行检查。

43 怎么帮助调皮捣蛋、学习成绩不理想的孩子？

—— 李奕

【案例】

妈妈陪着孩子来到诊室，9岁的孩子，跑进来的，直接伸手拿掉医生的眼镜，把桌子上的彩色笔拿到手里，开旁边诊室门，从一个房间窜到另一个房间，妈妈大喊着也不听。妈妈补充说孩子在学校，从上一年级开始就坐不住，上课不能好好听讲，容易溜号，小动作多，不停摆弄文具，有时候脱掉鞋子，爱插话，影响老师讲课，下课了，跟同学追逐打闹，经常挑起事端，好冒险，不顾后果，回家不能安静下来看书，不按时完成作业，经常丢三落四，读文章漏字等，成绩不理想，老师建议家长带孩子到医院看看，为什么看着挺聪明的孩子，成绩这么不好呢？

【问题】

⊙ 怎么帮助调皮捣蛋、学习成绩不理想的孩子？

（一）学习成绩出问题，原因有许多，我们首先想到的可能是孩子不够聪明，或者智力有问题。事实上，有一类孩子，并非不聪明，而是他们不能"好好学，认真学"造成学习成绩不理想。诊断上考虑注意缺陷多动综合障碍。表现为活动过度，从婴幼儿时期就格外活泼，会从摇篮或小车向外爬，开始学走路就以跑代步，看画册看不了几页就更换，上学后在座位上扭来扭去，有时候自习课在地上趴着玩，小动作多。自幼注意力集中就有问题，听课、做作业注意力难以持久，容易被外界吸引而分心，不愿意从事较长时间需要持续集中精力的任务，做作业拖拉，丢三落四，经常遗失文具；情绪不稳定，冲动任性，跟同学之间游戏不能遵守规矩，不愿意轮替等候，不满足就哭闹；学习有困难，做数学题漏掉重要信息，阅读漏字等，因此，导致学习成绩不理想。

（二）"注意缺陷多动障碍"，是神经系统发育不够完善的一种情况，如何帮助这样的孩子是个问题。父母亲、老师还有医生要一起协作。制订综合性治疗方案，使用药物短期缓解症状，可以辅助心理治疗，比如社交技能训练，教给来访者怎样开始，怎样维持和结束人与人之间的关系，改善同伴关系不良，减少对别人的攻击性语言及行为，帮助孩子进行自我控制；小组治疗，也会帮助孩子们学习如何与人相处等；还可以采取家庭培训以及学校干预。家长可以每天带孩子做注意力训练，比如舒尔特方格训练；跟孩子玩游戏，比如让孩子从不同角度接球，把巧克力放到杯子下面不停移动杯子，让孩子眼光追随杯子，最后确认巧克力所在，成功找到可以作为奖励给孩子；还可以做运动，球类运动比如乒乓球会训练孩子的注意力，手眼脚的协调在运动中都会得到训练等，坚持做很重要。

（三）还有药物治疗，它能够帮助协调大脑皮层的功能，改善注意缺陷，减轻活动过多。比如哌甲酯、托莫西汀等都可以在医生的指导下使用。分心并不是孩子主动的错，家长和老师要学习了解注意缺陷多动障碍的症状特点，用科学的方法，更好地帮助孩子改善注意力，改善同伴关系，改善亲子关系，提高学习成绩。

44 造成孩子成绩差的原因是什么？ —— 李奕

【案例】

小明，9 岁，二年级。老师发现他上课不捣乱，不能讲明白发生在身边的事情，考试成绩经常不及格，有时候会被同学欺负、起外号，老师评估学习有困难。建议看医生。详细询问，妈妈在孕期头 3 个月有过病毒感染，自幼生长发育跟同龄儿相比较慢，语言发育差，说话口齿不清楚，对于日常生活用语能掌握，但是词汇量贫乏，不能很好表达，计算能力差。上学后家长带他到北京做过染色体检查，结果异常，智商韦氏智力测定 49 分。适应学校生活有一定困难。

【问题】

⊙ 造成孩子成绩差的原因是什么？

（一）学习成绩差的影响因素

学习成绩差的影响因素有很多，这个小朋友综合判断属于智力发育障碍，他的学习成绩不好，是因为染色体异常先天发育差导致的。智力发育障碍的临床特征是患者的智力低于实际年龄应该达到的水平，并导致社会适应困难。从胎儿到18岁以前影响中枢神经系统发育的因素都可能导致智力发育障碍，主要有遗传和环境因素两个方面。比如染色体异常，基因异常，先天性颅脑畸形或者母孕期感染，药物影响，新生儿疾病，出生后脑损伤等。

（二）出现这样的问题，我们怎么办呢

1. 智力发育障碍一旦发生难以逆转，因此重在预防，可以进行产前遗传性疾病监测，新生儿遗传代谢性疾病筛查，提倡非近亲结婚，科学健康生活等。智力发育障碍的治疗原则是以教育和康复训练为主，辅以心理治疗，少数需要药物对伴随精神症状进行对症治疗。

2. 文中说到的小朋友，学习成绩差，跟他的先天因素染色体异常有关，家长不能盲目高期待，对孩子要求高，要求老师、家长甚至治疗师共同按照孩子的基本能力相互配合，教给他智力水平相当的文化知识、日常技能，还有社会适应技能，就是大家常说的因材施教。

3. 对于中度和重度的患者，主要康复训练内容是简单的生活能力和自卫能力，包括如厕、进餐、简单语言表达冷暖饥饱，教育的过程需要分解步骤，逐步强化训练，不能着急，父母亲需要医生做更多的宣传教育，关心、关注父母亲的心理承受能力，减轻焦虑，降低期待，必要时药物治疗。

45 如何理解孩子的智力水平？　　　—— 李奕

【案例】

小明 9 岁了，上小学 2 年级。但是老师观察他对事物的理解和分析能力比同学们差一些，不会概括与抽象表达，能够使用的词汇不够丰富，学习有困难，经常是语文能及格，数学不及格。在家里妈妈发现孩子小时候生长发育跟同龄孩子比较就慢，妈妈慢慢教能够自己吃饭、穿衣、洗漱，简单帮妈妈洗碗等，就是成绩拖班级后腿。妈妈带他到儿童医院就诊，检查智力发育有问题。妈妈带孩子前来咨询，孩子的智力发育水平有什么分级吗？自己要怎么办呢？

【问题】

◦ 如何理解孩子的智力水平？

（一）小明的智力发育水平确实有问题，做诊断还需要测试智商，结合他的表现可以进行智力发育障碍的诊断。在临床上智力水平从智商上按数值区分轻、中、重、极重 4 个等级。

1. 轻：智商在 50 ~ 69，患儿在幼儿期即可表现出智能发育比同龄儿迟缓，比如语言发育迟缓，词汇不丰富，理解能力和分析能力差，抽象思维不发达，能够完全独立自理生活。就读小学以后学习困难，成绩经常不及格，或者留级，最终勉强完成小学学业。患儿能进行日常的语言交流，但理解能力差、使用能力差，通过职业训练成年后能从事简单的非技术性工作。成年可达到 9 ~ 12 岁儿童心理年龄。

2. 中：智商在 35 ~ 49，患儿在幼儿期即可表现出智能和运动发育明显比同龄儿迟缓，语言发育差，发音含混不清，词汇不丰富，计算力为个位数加减法，不能适应小学就读。特殊教育训练，可学会简单生活，进行简单劳作，处于半独立生活状态。成年后可达到 6 ~ 9 岁的心理年龄。

3. 重：智商在 20 ~ 34，患儿出生后即表现明显的发育延迟，不能进行有效语言交流，不会计数，生活需要照料，不能在普通学校就读。成年后可达到3~6岁的心理年龄。

4. 极重：智商在 20 以下，完全没有语言能力，不会躲避危险，不认识亲人及周围环境，毫无防御和自卫能力。原始性的情绪表达，哭、尖叫等表达需要，生活不能自理，大小便失禁，完全依赖他人，常合并严重神经系统发育障碍和躯体畸形。成年后可达到 3 岁以下心理年龄。

（二）部分智力障碍患者可能伴随一些精神症状，如注意缺陷、情绪易激惹、冲动行为、强迫行为等。作为家长对于小孩子出现成绩不好、文化课经常不及格的情况，要具体问题具体分析，如果属于先天智力发育障碍导致的，就要因材施教，根据孩子的发育水平进行相应的训练，从吃饭、穿衣、如厕等基本技能开始，把过程分解成不同的步骤，教给孩子。比如穿衣服分解步骤，从简单的套头衫到外衣，从有拉链的到系扣的，都分解开来帮助孩子一点点成功自己做到。父母亲不能着急，有耐心，能等待，会鼓励。对于极重度的孩子，基本能力不具备，家长就需要全部承担照顾的责任，每一个照料者，应该被关注心理承受状况，情绪状态，也需要适当休息，有好的精神状态陪伴孩子。

46　如何改善多动症孩子的学习状况？

——张欢欢

【案例】

小红，10 岁，三年级。从小聪明，学的东西看几遍就会，能背上百首古诗，上幼儿园开始活动多，经常被老师、同学告诉家长，上小学后经常与同学发生冲突，上课时很难安静地坐着，搞破坏，学习成绩落后，考试时经常看错题、漏答题，甚至题只答一半就结束，上课常玩弄手指和手掌，经常丢三落四，做事虎头蛇尾，写作业经常写一会儿玩一会儿。老师建议家长寻求专业医生。

【问题 1】

● 多动症和智力问题的特点有哪些？

多动症（ADHD）的特点：注意力不集中：容易分心，难以长时间专注于某项任务。过度活跃：在不适当的情境下表现出过多的身体活动。冲动行为：难以控制自己的行为，经常做出未经思考的决定。这些症状通常会在孩子 7 岁之前出现，并持续至少 6 个月。

智力问题的特点：学习困难：在阅读、写作、数学等方面有持续的困难。记忆问题：难以记住新的信息或回忆旧的信息。解决问题的困难：在面对新的问题或挑战时，可能难以找到有效的解决方案。

【问题 2】

● 如何区分学习成绩差是多动症，还是智力问题？

观察行为：多动症的孩子可能会在课堂上频繁地移动、与同学交谈或做其他事情，而不仅仅是因为学习内容对他们来说太难。

进行专业评估：如果您怀疑孩子可能有多动症或其他学习障碍，最好的做法是寻求专业的医疗评估。这可能包括心理测试、观察和其他评估工具。

【问题3】

◉ 因多动症影响学习成绩，应该怎么做？

多动症的孩子学习成绩差，根本原因是注意力不集中，但通过一系列策略和方法可以有效改善孩子的学习成绩。

药物治疗：在医生的指导下，可以使用一些药物来帮助控制症状，如哌甲酯等。

心理治疗：包括行为治疗、认知行为治疗或"分心"治疗等方法，帮助孩子学会自我监控和管理自己的行为。

教育干预：家长和老师应为孩子创造一个积极、支持的学习环境，鼓励他们参与课堂讨论，并提供必要的辅导和支持。

家庭支持：家长应给予孩子足够的关注和支持，帮助他们建立良好的生活习惯和学习习惯，同时避免过度惩罚和批评。

运动疗法：适当的体育锻炼可以帮助孩子释放多余的能量，提高注意力和专注力。

时间管理：教会孩子如何合理安排时间，制订学习计划，并监督执行。

社交技能训练：通过角色扮演、小组讨论等方式，帮助孩子提高社交技能和沟通能力。

个性化教学：根据孩子的兴趣和特长，采用个性化的教学方法，提高他们的学习兴趣和动力。

47 如何面对孩子的网恋? —— 刘宏

【案例】

晨晨,男,21岁,在国外留学,自觉学习困难,不能完成学习任务,某天自觉十分苦恼,顺便拿起手机,无意中刷到一个性感美女主播的直播视频,感觉视频讲的内容有点意思,也符合自己的口味,从此每天都关注该美女主播的直播内容,还单独和美女主播聊天,每天都和美女主播以姐弟相称,很快开始进入"热恋"状态,每天都花上千的钱给美女主播打赏,宁可自己少吃或者不吃饭,也要把钱攒下来打赏,爸爸妈妈虽然很生气,又说服不了,还不忍心自己的儿子挨饿,但是晨晨总是大手笔打赏美女主播,爸爸妈妈经济支持也非常困难,爸爸妈妈不知如何是好而接受心理咨询。

【问题】

◦ 如何面对孩子的网恋?

网恋定义:是人与人之间指通过网络媒介,使用聊天软件等互相交流,彼此了解,从而相恋。

如果沉迷于网恋而不能自拔,影响正常生活、工作和学习,就成为精神心理障碍,也就是日常大家熟悉的网络依赖(网瘾),根据《疾病和有关健康问题的国际统计分类》第11次修订本(ICD-11)属于成瘾行为所致障碍中的游戏障碍。

网恋者的特点是持续或反复地通过在线交往,表现为:1.无法自我控制网络的开始与结束、使用网络的频率和持续时间以及情境等;2.完全沉迷于网络中，丧失日常生活和其他活动的兴趣；3.尽管出现明显不良后果，但仍然沉迷网络，甚至更加严重。明显的网络行为和其他特征至少持续 12 个月。网络行为模式导致个人、家庭、生活、工作或其他社会功能明显损害或者自觉痛苦。

网恋的主要危害：不仅影响人们的身体、心理健康，还会影响日常工作和学习，网络具有隐瞒性（真实身份）、虚拟性，容易欺骗他人，甚至诱发青少年犯罪行为，而且具有颓废堕落性。

网恋者具有网络成瘾者同样的心理特点：寻求立即奖赏，自我控制能力差，自我决策能力明显受损，不愿面对现实。

对于网恋严重者必要时可以考虑使用抗抑郁剂或者情感稳定剂调整情绪，同时配合心理咨询与治疗，尤其是要让其辨识网恋的危害改变其对网络的认知，多与他人分享成功经验，学会自我控制。

当然好的网络环境具有真实可靠、坦诚、虔诚、自然，避免见面尴尬紧张的特点，不受地域和时间的限制。

总之，随着现代社会节奏的加快，信息高度发达，我们恰当使用网络拓宽我们的社交方式，认识新朋友，发展恋爱关系完全是个人的事情，我们在利用网络建立恋爱关系的同时，要善于识别网络中的不良信息，也不要沉迷于网恋。保证网络环境的安全，需要我们每一个人从自身做起。

48 什么是"星星"的孩子？

—— 李奕

【案例】

一家三口来诊，4岁女孩，浓密的睫毛、大大的眼睛，进到诊室，哭，捂着耳朵，躲在门后，自幼生长发育比同龄儿慢，语言发育差，1岁会说话，仅维持在发出叠音，爸爸妈妈等。不会玩躲猫猫游戏，3岁到幼儿园，不跟小朋友一起玩，有喜欢的人会冲过去拽、拉，甚至咬一口，眼神对视差，常视而不见、听而不闻。喜欢玩小车的轱辘，车轱辘朝上，摆放成一条直线，喜欢看天气预报，到时间不让看就哭，幼儿园老师建议看医生。

【问题】

（一）这个小朋友诊断上考虑：孤独谱系障碍。就是老百姓常说的"星星"的孩子，好像不食人间烟火，来自遥远的星星，活在自己的世界中，也被称为孤独症。该病起病于婴幼儿时期，主要表现为不同程度的社会交往障碍、语言发育障碍、兴趣狭窄和行为刻板等症状特点，多数患者伴有智力障碍，预后比较差。全球范围内平均患病率1%，男性患病率高。发病的原因与遗传、神经递质功能失调、大脑发育可塑性关键期异常、免疫系统异常等多因素共同作用的一种广泛性发育障碍。

（二）从患儿的特点是不能与人建立正常的人际交往方式，缺少眼神对视，缺少跟家人的亲近感，不会跟小朋友一起游戏，体会不到集体游戏的快乐，在幼儿园多不合群。语言发育差，不会用来交流，人称代词使用会混淆，重复他人的语言。也有的孩子会表达，但交流时候常常是只关注自己喜欢的话题，讨论的内容跟大家的主题不相关，有时候不在意别人是否在听。还有一部分症状是，行为上刻板，喜欢固定模式的天气预报、广告，每天吃同样的饭菜，坐固定座位，不愿改变，否则就焦躁不安等。有一部分伴有不同程度的智力障碍。

确诊之后，家长要做的是先学习孤独谱系相关知识，然后帮助孩子做训练，著名儿童精神病学家陶国泰教授曾经说过："小孩子早期的训练有可能会改变她的一生，3~6岁是最佳训练期"。了解孩子的特点，根据评估结果，做训练计划，找机构做康复训练，使用的方法有很多，比如应用行为分析，在训练中进行强化干预，分步骤辅助（吃饭、穿衣、如厕、做凉拌西红柿等）、示范让孩子模仿等，音乐疗法（弹琴、听音乐、跳舞等）、地板游戏时间、结构化教育、人际关系技能训练等。即使目前没有特效药物，家长们接受孩子的与众不同，告诉应该知道的周围的人，以便于他们能够给我们提供帮助，减少抱怨，相互支持，想办法进入到孩子的世界里面，多一点理解，或者尝试理解，就有可能牵上孩子的手，带着他们走属于他们的路，让花成为花，让树成为树，让孩子成为他自己！

49　孩子语言发育有哪些特点？　　——李奕

【案例】

　　爸爸妈妈带着 1.5 岁的小朵朵来到诊室，妈妈介绍说孩子小时候生长发育，比如抬头、坐、翻身、爬跟同龄孩子没有什么差别，就是一直不会说话，只会咿咿呀呀，你感觉他听得懂话，爸爸下班他会把爸爸的拖鞋拿过来，奶奶说要喝水，他会去帮忙拿杯子，平常看动画片会开心地笑，会跟妈妈藏猫猫，能够跟爸爸一起搭积木，被爸爸抱起来举高高会看着爸爸的脸咯咯地笑，小朋友多的时候喜欢凑热闹。经过医生评估，这个孩子综合评价发育没有什么大问题，口语的表达稍微滞后。在 2 岁时候开口说话，很快就跟同龄孩子一样了。家长很想知道，婴幼儿的语言发育有哪些特点呢？

【问题】

　　（一）临床研究表明，婴幼儿的语言发展，主要包括对语言信息的感知理解和语言的表达两个方面。出生的头一年是语言发展的准备期，通过语音的发展为语言表达做准备，新生儿期对声音能够进行空间定位，大人喊他，他会转头寻找声音来源，2 ~ 6 个月之前会模仿发出单音，也叫咿呀学语阶段，7 ~ 9 个月之间对于发出的常用词会寻找对应的物品，比如听到灯就会抬头看灯，10 ~ 11 个月时候就会对词的内容发生反应，懂得词是有意义的，这个时候也是说话萌芽阶段，1 岁时候婴儿能听懂的词有 10 ~ 20 个，有的孩子试图用言语表达自己。第二年开始主要发展的是对语言的理解，1 周岁词汇量 50 个左右，说的主要是人物爸爸妈妈，熟悉的动作抱抱、吃饭，熟悉的行为后果烫、冷等，从单词句发展到多词句，1.5 ~ 3 岁词汇量迅速增长，3 岁时掌握词汇可达 1000 个，除了名词、动词还会使用形容词了，能说出"满意超乎想象"的词。

　　（二）到了幼儿期，是一生中词汇量增加最快的时期，7 岁时候词汇量是 3 岁时候的 3 ~ 4 倍，能够掌握日常生活相关的词，说的句子从简单句到复合句，从陈述句可以发展为疑问句、否定句，大人感觉孩子不好带，好似"十万个为什么"。口语表达的能力逐渐发展，连贯言语和独白言语的发展也是儿童口语表达能力发展的重要标志。3 岁前，因幼儿的言语大多是对话的形式，3~4 岁已经能够主动讲述自己生活中的事件，4~5 岁可以独立讲故事，更多的是情景语言，有时候有点没头没尾，事物之间的联系说不明白，等 5~6 岁孩子有可能会有感情地、系统地叙述事情。7 岁左右发展为连贯言语，事物之间的联系也说得清楚了。有的幼儿喜欢自言自语，一种是游戏言语，比如"我是熊大，我要打光头强"；一种是问题言语，表达的是困惑、怀疑、好奇等，"为什么"会比较多。

以上就是婴幼儿时期的语言发育特点，家长了解后，可以更好地引导孩子发展语言。

50　孩子情绪是怎样发展的？　　　　—— 李奕

5 岁小孩子，活泼好动，小时候是全家的小太阳，要什么给什么，经常是他一举手一投足，家长就知道要做什么，马上端水、给水果、陪玩等，所有人都依着孩子的性子，需要什么满足什么，情绪总体来说没有表现出异常。到幼儿园里出问题了，经常就因为该睡觉了，不愿睡哭泣；看动画片准备下一个活动了，他还要看，不让就发脾气；吃饭时候没有喜欢吃的会生气。家长觉得孩子的情绪管理有问题，又不知道该怎么引导，带着孩子到医院来咨询，家长最想知道的是孩子情绪是怎样发展的？

【问题】

⊙ 孩子情绪是怎样发展的？

（一）对于婴幼儿的情绪发展，伊扎德认为新生儿有 5 种情绪反应：惊奇、伤心、厌恶、初步的微笑和兴趣。孟昭兰指出：新生儿有 4 种表情：兴趣、痛苦、厌恶和微笑。小婴儿会有自发性的笑，5~6 周表现对人兴趣，有无选择的社会性微笑，直到 3~5 个月婴儿对所有人的微笑都是一样的。4 个月后会出现有差别、有选择的社会性微笑，比如对妈妈、家人和陌生人是不一样的。6 个月以后会有认生的表现。婴儿会有恐惧感，刚出生，大的声响，突然的身体位置改变都可能带来恐惧感。小婴儿刚开始是不懂得情绪的自我调节的，觉得不舒服就会哭闹，直到被满足，1 岁以后随着言语能力的发展，成人可以对小婴儿有要求了，比如"打针了，不要哭，一会给糖吃"，能有一点点的控制，孩子说"怕"的时候，成人的搂抱和抚摸能够安慰他。

（二）幼儿的情绪常是处于激动状态，强烈而不能自我控制，很容易受外界环境的影响。幼儿情绪特点是易冲动性、不稳定性、外露性，基本情绪外部表现就是自身真实感受。情绪理解是儿童期重要任务，也是儿童早期形成的解释情绪以及理解情绪与其他心理活动、行为和情境之间的能力。2~4岁对儿童能够识别他人的表情，对于情绪有自己的解释，会归因，这与成人的养育影响也有关系，比如小孩子碰桌子了，腿痛哭泣，如果家长说"讨厌的桌子"，小孩子就会模仿归因外界，但是家长说"桌子会不会也痛呢，他一直在呢"，小孩子的归因就会发生变化。幼儿的情绪调节一般会有如下策略：自我安慰、替代活动、被动应付、发泄、问题解决和认知重建。研究发现，幼儿更多地使用替代活动。养育的模式会影响幼儿的调节方式，建议减少包办代替，鼓励婴幼儿表达，适当给以肯定或者干预，教给孩子情绪调节的方式，有个5岁的小女孩，在生气的时候会说，我要用吹蜡烛的方法不生气，就是没有满足需要的时候，握紧右手，吹一次张开一只手指，连续吹5次，当手指都张开了，生气的情绪就减轻了。家长可以用很多方法，引导婴幼儿表达情绪，还可以看绘本、做游戏等，慢慢地孩子就有了控制情绪的能力了。

51 孩子几岁适合分房睡？

—— 胡昕华

【案例】

豆豆，男，3岁半，妈妈来咨询。听了一些育儿经验，妈妈担心太晚分房睡对孩子成长不利，跟爸爸商议后决定尝试分房睡。可是怕什么来什么，睡前故事也讲了，哄也哄了，豆豆还是不情愿，甚至哭闹。有时好不容易哄睡了，半夜再哭着跑回父母房间。看着孩子小脸蛋都瘦了一圈、精神萎靡，妈妈不禁怀疑自己的决定。到底应该什么时候分开睡呢？

【问题】

分房睡是基于睡眠质量、隐私需求、独立性培养、减少冲突、社交发展等方面的需要必须考虑的问题。什么时候分房睡没有标准答案，必须循序渐进，以儿童做好准备为益。分房睡不是一蹴而就，准备的工作应该做得更早。

（一）新生儿时期

新生儿夜间需要频繁喂奶，产后虚弱的宝妈经常选择躺着喂奶，宝宝吃得慢，宝妈打了一个盹儿又一个盹儿，身体放松，乳房很容易堵住婴儿口鼻造成窒息。同床的大人如果睡得过沉，被褥、枕头，甚至大人的身体很容易压到宝宝身上。每一年都有新生儿窒息死亡的悲剧。但是新生儿恰恰是最需要被照顾的时期，所以可以同房不同床，孩子的小床最好离父母床比较近。宝宝需要父母共同陪伴，爸爸可以帮助减轻产褥期妈妈的负担和痛苦。实在没有分床的条件，也要确保适当距离，保证新生儿安全。

（二）1岁左右

这时的宝宝仍然需要父母的照顾，夜间会排尿、夜惊、哭闹，安全感不足。可以同房睡不同床。

（三）两三岁可以适当尝试

每个孩子的身体情况、心智发展都不一样，适当引导分房睡但不可以强迫。刚开始孩子肯定不会适应，可以先从心理上给予引导，并给孩子营造一个安全独立的环境。白天可以多在自己床上玩耍，陪着午睡。晚间睡前可以陪孩子说说话、讲讲故事，读一个关于宝宝自己睡觉的绘本，提供一个安全感满满的玩具。等孩子睡着了再离开，如果遇到困难也绝不强迫，切不可在大床上将孩子哄睡再抱走。

（四）四五岁可以让孩子独睡

孩子上幼儿园，生活逐渐开始独立，在先前的铺垫之下可以鼓励孩子自己睡。可以先开着父母和孩子的房门睡，让孩子有安全感，有的孩子睡到半夜会回到父母房间，这时要给予安抚和鼓励，再循序渐进引导孩子关门独睡。

在父母的引导下独睡就会水到渠成，过程中要以孩子的具体情况而变通，不要心急。

52 如何理解孩子的攀比心理？ —— 赵爽

【案例】

小丽，14 岁，初二，女孩。小时候的小丽是一个听话懂事、欲望极低的小女孩。但是自从进入初中以后，消费需求就突然发生了逆转，她变得爱攀比、爱漂亮。比如，原本对衣服的要求不是很高，现在执着于对品牌的追求。而拥有品牌服饰并不能满足她的虚荣心，很长一段时间，她回家总是一遍遍地向父母描述某某同学穿了限量款，背了奢侈品书包。小丽的父母是普通的上班族，小康水平的家庭环境满足不了孩子对"限量款""奢侈品"一味地追求，小丽因此和父母闹了很多矛盾，成绩严重下滑。

【问题】

⊙ 如何理解孩子的攀比心理？

攀比：是一种社会心理现象，是每个人都会有的心理状态。任何时代、任何社会都会有攀比的心理存在。许多家长很困惑"孩子爱攀比怎么办？"孩子攀比心理时需要引导孩子正确的价值观，所谓父母是孩子的"第一任老师"，父母要树立好的榜样。父母不要比，孩子才容易放下，孩子出现攀比行为时，说明孩子有竞争意识，并不全部属于坏的现象，家长要给予积极的引导，让孩子树立正确的价值观和消费观，例如：在成绩方面建议家长提倡孩子多向学习好的孩子看齐，不断超越自己，在物质方面攀比行为时，家长要弄清事实，正确地去引导孩子，要让孩子通过自己的劳动收获满足自己的要求。

下面有几个小方法：

1. 父母要正确看待孩子的攀比心，比较心理是人性的一部分，我们不能阻止孩子对于事物的渴望和追求，但是作为家长可以用正确的方法把攀比心这个话题拿出来和孩子耐心地讨论，并进行正确的引导。

2. 老话讲"比上不足，比下有余"，引导孩子不能永远向上对比，还有很多人是羡慕我们当下的生活。根据家庭的实际情况心平气和地告诉孩子，当孩子想要的东西仅仅是因为别人拥有，自己也想拥有，但是这个东西超出我们承受的范围了，不能满足。同时解释家庭差异形成的原因，也要让孩子知道赚钱的来之不易。

3. 父母要意识到"比较"和"攀比"的区别，参照物不同、角度不同，要告诉孩子树立远期目标，不能拘泥于当下的成绩，和同学形成健康良性的比较可以有助于提高成绩，而攀比只会让自己心胸不开阔。"人外有人，天外有天"，家长要引导孩子用积极的心态面对差距，把自己作为参照物，超越自己是最大的成功。

4. 孩子要树立正确人生观、价值观、消费观，培养孩子的自信心，多理解、多帮助、多鼓励孩子。最后，还可以找专业心理咨询师或精神科专科医生给予帮助。

53　孩子也会做噩梦吗？

—— 程洋英林

【案例】

小红，10 岁，小学三年级。自从升入三年级之后，学习压力不断增大，以至于晚上常常睡不安稳，频繁地做噩梦。在她的梦里，总会出现一只可怕的怪兽，长着许多手、许多眼睛。怪兽伸手来抓她，她到处躲藏，怪兽的眼睛都能轻而易举地发现她。于是，她在梦里拼命地跑，却无法摆脱怪兽的追逐。就这样小红经常被吓醒，醒来后浑身都是冷汗，紧张不安。白天的时候，她也提不起精神，上课时注意力根本无法集中，学习成绩受到了很大的影响。

【问题】

● 孩子也会做噩梦吗？

答案是肯定的，所有人都会做噩梦，孩子也不例外。

我们先来了解下什么是噩梦。噩梦是一种常见的睡眠现象，通常发生在快速动眼期，它是睡眠周期中的一个重要阶段。那什么又是睡眠周期呢？睡眠周期是指人体在睡眠过程中经历的一系列阶段，它包括非快速动眼期和快速动眼期。非快速动眼期睡眠又分为 3 个阶段：浅睡眠、中度睡眠和深度睡眠。在这个阶段，身体会逐渐放松，心率和呼吸减慢，大脑活动也会减少。快速动眼期睡眠则是睡眠周期中的一个重要阶段，通常伴随着梦境的出现。一个完整的睡眠周期持续 90～120 分钟。我们在晚上的睡眠中会经历多个睡眠周期。良好的睡眠质量通常需要经历足够的深度睡眠和快速动眼期睡眠。不同年龄段的人快速动眼睡眠时长可能会有所不同。

孩子会做噩梦可能有以下原因：

1. 生活事件：孩子可能会因为生活中的一些事，比如看恐怖电影、听到恐怖故事或者经历创伤等而做噩梦。这些梦境是白天所经历事件的一种复现，俗话说"日有所思，夜有所梦"。

2. 压力：孩子可能会因为学习压力、家庭问题等而感到紧张和焦虑，这种长期的紧张和焦虑便会导致噩梦的产生。

3. 健康问题：孩子可能会因为某些健康问题，如感冒、发热、过敏等，而做噩梦。

4. 睡眠姿势：不当的睡眠姿势可能也会导致噩梦的发生。

针对孩子做噩梦的现象，家长应该怎么办呢？

1. 安慰和鼓励：当孩子做噩梦时，家长可以安慰和鼓励他们，让他们感到安全和舒适。

2. 建立规律的睡眠习惯：建立规律的睡眠习惯，可以帮助孩子改善睡眠质量，减少做噩梦的机会。

3. 避免恐怖和紧张的情境：避免让孩子接触恐怖和紧张的情境，避免看恐怖电影、听恐怖故事等。

4. 帮助孩子应对压力：帮助孩子应对压力可以减少他们做噩梦的机会，家长可以与孩子沟通，了解他们的问题，并帮助他们解决问题。

建立规律的睡眠习惯需要时间和耐心，家长需要帮助孩子逐渐养成良好的睡眠习惯，切不可操之过急。如果孩子经常做噩梦，还可以咨询医生或心理健康专业人员。

54 孩子常梦游是什么问题？

—— 胡昕华

【案例】

妍妍，女，7岁。有天晚上爸爸起夜时发现女儿在厨房里吃东西，上前询问，孩子并不搭话，半睡半醒状。不一会儿又到客厅"捞空气"，最后回到床上睡去。第二天孩子完全不记得晚上的事。此后一两个月或数月不等会出现一次类似情况。家人知道孩子是梦游了，按照民间说法不敢惊动孩子。看到有报道说有人梦游时不小心坠楼了，家人开始担心，害怕哪天疏忽导致孩子发生危险，想知道梦游会有什么问题？今后该怎么办？

【问题】

梦游症是睡眠中突然起身进行活动，而后又睡下，醒后对睡眠期的活动不能回忆。梦游发生在睡眠第3~4期深睡阶段，通常入睡后2~3小时，集中于前半夜，多发生于儿童时期，有的持续数年，青春期后多能自行消失。梦游时存在意识障碍，与周围环境失去联系，表情呆板，情绪有时可能激动，言语旁人不能理解，很难被强行唤醒，若强行唤醒最初会迷糊、定向力障碍，但完全清醒后心理活动及行为均无损害。发病过程应排除癫痫因素。梦游时的行为可以比较简单也可能比较复杂，在陌生或复杂的环境里就可能发生危险。病因与遗传因素、社会心理因素、睡眠不足或过度劳累、发育因素等有关。

发现孩子有梦游情况，如果只是偶尔发生，家长可以不必太过担心。如果经常发生，首先要到医院进行检查，比如有否癫痫方面原因，进行睡眠监测等。查找到病因的可以采取治疗措施。

确诊梦游症了要注意什么？家长可以从以下方面入手：

（一）家庭和心理的支持：日常生活中注意舒缓孩子精神、心理上的压力，比如家长要心平气和、家庭关系和睦；鼓励学习，不单单把注意力放在成绩上，更不能动辄打骂；避免对孩子过多谈论关于梦游的负面评价，减少孩子精神压力；可以通过心理疏导解决潜在的心理问题。

（二）规律健康的生活：保持良好的生活习惯，保障规律的作息，少喝含咖啡因的饮料，不要熬夜和做刺激性强烈的事情，改善睡眠质量，从而减少梦游的发生。

（三）促进神经发育完善：儿童要科学、规律地参加户外活动和体育锻炼，有利于神经系统的发育和完善。

（四）保证安全：如果梦游者经常出现复杂而危险的行为，比如走出房间、跨越栏杆等，应及时唤醒；在梦游者行走的路径上确保安全，移除障碍物，防止受伤；睡前尽量锁好门窗，保证梦游者不离开安全环境。

55　如何理解孩子睡着后的磨牙现象？

——胡昕华

【案例】

　　糖糖，男，4岁。近半年来晚上睡着后经常磨牙，发出"咯吱、咯吱"的声响，听得人心里"毛毛的"，清早起床口腔还有隐隐异味，令家人担忧不已。老人说"孩子磨牙是肚子里有寄生虫了"。如今家里生活条件优渥，平时很重视食品、环境的卫生和孩子的洗手习惯，并且家长已经给孩子采取了驱虫措施，但是宝宝磨牙的情况并没有改善。家人担心磨牙是不是身体出了什么问题？会不会对孩子造成不良影响？

【问题】

⊙ 如何理解孩子睡着后的磨牙现象？

　　磨牙是一种咬合障碍，三叉神经支配咀嚼肌，凡是对二者影响的因素都可引起磨牙。这种咬合障碍破坏了咀嚼肌的协调关系，机体就以增加牙齿的磨动来去除咬合障碍。磨牙可以是阶段性的，也可以每夜发生。夜磨牙可发生于任何年龄，多见于儿童和青少年。

⊙ 磨牙有什么危害吗？

　　牙齿经常研磨、叩击，没有食物缓冲，会使牙本质暴露。轻者对冷、热、酸、甜等刺激过敏；重者出血、发炎、牙齿松动脱落。

　　咬肌收缩不平衡、牙齿咬合位置异常、颞下颌关节疼痛弹响。引发头痛、颈肩疼痛，口腔异味。

脸型不对称影响美观，影响心情和自信心。

影响睡眠，影响进食，营养不均影响发育。

● 经常磨牙常见原因？怎么应对？

1. 肠道寄生虫因素

孩子肠道寄生虫会分泌毒素，刺激肠管，消化不良，影响各种营养物质吸收，脐周隐痛，肛门瘙痒，使得孩子在睡眠中神经兴奋性不稳定引起磨牙。所以及时驱虫是解决办法。

2. 饮食因素

偏食、挑食、不良饮食习惯等容易导致营养物质缺乏，如缺钙、维生素等；睡前积食，睡眠时胃部工作引发咀嚼肌自发收缩、牙齿磨动。从小要养成良好饮食习惯。

3. 口腔因素

儿童换牙期，牙齿发育不全，牙尖高低不平，咬合面接触不良也是夜磨牙常见原因，通常完成换牙问题就会相应解决。但是随着食物制作越来越精细，儿童牙槽骨发育不足，常因空间不足导致恒牙排列不齐；或由于张口呼吸等原因导致门齿前突。可以到牙科、耳鼻喉科就诊。

4. 躯体疾病

如佝偻病，是由于一系列因素导致的钙、磷代谢障碍，出现肌肉酸痛、多汗、夜惊、磨牙等。需要家长及时发现并就医治疗躯体疾病。

5. 心理因素

焦虑、压抑、烦躁、紧张等不良情绪可导致夜磨牙现象。对儿童来说，如家庭不和、功课压力、过多斥责、惊吓等均可影响情绪。

6. 其他

其他方法无效，且特别严重的磨牙可以在医生指导下药物治疗，但是药物也存在不可避免的不良反应。

中医认为，磨牙的孩子体质阴虚，经过中医辨证、调理，改善阴虚体质或可有所助益。

56 您知道夜惊吗？

——赵爽

【案例】

小明，男，6岁。晚上睡睡觉就下地走动，两眼直勾勾地盯着前方，妈妈喊他，一点反应没有，有时睡睡觉突然坐起来，第二天醒来问孩子昨晚发生的事，孩子无法回忆，家长很担心、害怕。俗话说"是不是被什么东西撞到了？"于是，家长带孩子找"大仙""跳大神"，能想到的方法都做了，但也没有什么效果，后来经朋友介绍来精神专科医院咨询，才知道这是儿童时期的睡眠障碍，叫"夜惊"。

【问题】

● 您知道夜惊吗？

夜惊又称睡惊症，是一种 NREM 第Ⅳ期睡眠失常。本病是指儿童在睡眠中突然惊起，伴有强烈的焦虑和自主神经症状。多见于 4～12 岁儿童，4～7 岁为发病高峰。男孩略高于女孩。临床表现儿童在睡眠中突然惊起，两眼直视或紧闭，哭喊、手足乱动，坐于床上或下地走动，表情十分惊恐。意识呈现蒙眬状态，对周围事物毫无反应，呼之不应，极难唤醒。发作时伴有呼吸急促、心率增快、瞳孔扩大、出汗等自主神经症状。一般持续 1～3 分钟，病儿可再次入睡，并转变为快速动眼睡眠状态。次日对发作经过不能回忆。重症病儿可一夜发作数次，一次持续约 30 分钟。夜惊症的病因比较复杂，常由遗传和环境因素共同作用，有直系亲属存在夜惊症，孩子发夜惊的频率要明显高于其他家庭的孩子；睡眠节律紊乱、周期性腿动、睡眠呼吸暂停、维生素 D 缺乏等都会促发夜惊症，所以一旦发生夜惊症需要积极地寻找原因，及时地给予干预治疗。

夜惊症的危害一是影响智力发育：由于孩子的中枢神经系统还处于发育阶段，如果长时间处于夜惊症状态，会影响中枢神经系统的发育，严重时会影响智力发育，导致智力发育下降；二是影响性格发育：导致孩子出现性格内向，不愿与人交往，甚至会出现抑郁倾向。

（一）注意事项

1. 避免精神紧张，过度劳累。

2. 避开心理恐惧的物品和内心不可逾越的事件发生。

3. 减少孩子接触刺激因素的概率，比如：网络暴力游戏、恐怖故事或电影、游乐场刺激娱乐设施等，从而降低夜惊频率。

（二）小方法

1. 孩子夜惊发作时家长无须恐惧害怕，建议不要唤醒或者移动，安抚其入睡，等孩子醒来后给予更多的陪伴。

2. 保持孩子的情绪稳定、乐观愉快。

3. 注意作息时间，保证充足的睡眠。

4. 夜惊频繁者可到专科医院，在医生的帮助下进行心理疏导，排除诱发原因。明确病因后，严重者可在医嘱下进行药物治疗。

57 什么是功能性遗尿症？

——宋晓红

　　亮亮在 7 岁了还经常尿床。最初，家长认为是孩子不听话、故意为之，在亮亮发生遗尿症后对其训斥、责备，甚至于有时候出现打骂，在外人面前也毫不照顾亮亮的自尊心，导致亮亮日常生活自卑、带有心理负担。最后，亮亮出现厌学的情况，并且在家中也极少与家人交流，也不再与同龄小朋友之间玩耍，说话声音小，不敢与他人有眼神接触，时常一个人躲起来哭。家长带亮亮去医院检查后，判断亮亮的遗尿并不是器质性的疾病引起的，而是患上了功能性遗尿症。

【问题】

◦ 什么是功能性遗尿症？

　　功能性遗尿症（Functionality Enuresis）是指睡眠状态把尿液排泄在床上，当事人不得而知或在梦中发生，醒后才知道的现象，与现代儿童智龄不符的行为障碍中之排泄障碍。多为单纯性持续性，即除尿床外无其他伴随症状，无器质性病变，理化检查均在正常范围。

　　遇到以下情况时要考虑可能是功能性遗尿症：（1）年龄在 5 周岁以上或智龄在 4 岁以上，不能自控排尿而尿床或尿裤；（2）每月至少有 2 次遗尿，至少已 3 个月，遗尿可作为正常婴儿尿失禁的异常延伸，也可在学会控制小便之后才发生；（3）排除器质性遗尿如神经系统损害、癫痫发作、泌尿道结构异常等器质性疾病所致的遗尿；无严重的智力低下或其他精神病。

　　在儿童成长过程中，控制膀胱的能力是逐渐发展的。一般来说，3 岁左右的孩子就可以控制白天的排尿，但夜间排尿控制能力的发展可能会晚一些。因此，7 岁的孩子偶尔尿床是正常的。

　　如果频繁尿床，每周超过 2 次，或者已经超过 5 岁仍然经常尿床，这可能是一种疾病，称为遗尿症。遗尿症可能与以下因素有关：

1. 生理因素：孩子的神经系统和泌尿系统尚未完全发育成熟，控制排尿的能力较弱，容易出现尿床的情况。

2. 遗传因素：孩子的尿床问题可能与家族遗传有关，如果父母或其他亲属有尿床问题，孩子也可能会出现类似的问题。

3. 心理因素：孩子可能会因为紧张、焦虑、害怕等情绪问题而导致尿床，例如在学校或家庭中遇到了困难或挫折。

4. 环境因素：孩子的睡眠环境可能会影响他们的睡眠质量，例如睡眠不足、睡眠姿势不正确、睡眠环境嘈杂等，这些都可能导致孩子尿床。

5. 疾病因素：某些疾病也可能导致孩子尿床，例如尿路感染、糖尿病、癫痫等。

如果孩子经常尿床，建议及时就医，医生可能会进行一些检查，如尿液检查、超声检查等，以确定病因，并制订相应的治疗方案。同时，家长也可以采取一些措施来帮助孩子控制尿床，如限制睡前饮水、定时排尿、使用遗尿报警器等。

尤其是心理问题容易被忽视，而对孩子产生不耐烦、指责，容易让孩子产生自卑、内疚、自责等负面情绪。

58 孩子长大了为什么总爱顶嘴？　　——宋晓红

【案例】

明明，男，14岁，初二。家长反映，孩子上初中后与孩子之间出现了沟通问题，孩子经常与家长"顶嘴"，驳斥家长观点，对家长的意见和建议不屑一顾。外出游玩时不听家长安排，与家长日常交流中，出现观点分歧时，经常使用"少管我""别理我""闭嘴""讨厌死了"等词句回怼家长。明明学校的老师反映，孩子在学校时也不服从学校管理，顶撞老师，不遵守学校规章制度，经常用逃课、摔东西的方式与老师对抗。

【问题】

⊙ 孩子长大了为什么总爱顶嘴？

孩子长大了爱顶嘴，不一定是问题。孩子顶嘴可能与自我意识形成、亲子关系互动方式、外在环境改变以及心理问题因素等有关。

（一）自我意识形成

从发展心理学角度，在孩子成长过程中，他们的自我意识在逐渐形成。自我意识的发展，经历了婴儿期、幼儿期、童年期、少年期、逆反期、青年期、中年期等阶段，在每一阶段，人的自我意识都呈现出不同特点。

反抗心理是少年期儿童普遍存在的一种心理特征，它表现为对一切外在强加的力量和父母的控制予以排斥的意识和行为倾向。第一逆反期在2~4岁期间，多在3岁左右；第二逆反期出现在小学末期至初中阶段的10~11岁至15~16岁，突出表现在青春发育期。

在青春期阶段，青少年会为独立自主意识受阻而抗争，而父母往往对此缺乏认识，总想在精神和行为上予以约束与控制，导致青少年的反抗。

在青春期阶段，青少年需要成人将其视为独立的社会成员，给予平等的自主性，父母却一味地把他们置于"孩子"的地位，予以保护、支配和控制，从而导致反抗，使亲子矛盾突出。

在青春期阶段，老师和父母的教育观念尚未转变，仍然将成人的观点强加于少年儿童，在大小事情方面都已经具有自己的观点和主张的"被教育者"会抵触或拒绝接受，从而表现出观念上的某种对抗。

反抗的形式可归纳为如下两个方面：

第一，外显行为上的激烈抵抗。主要表现为态度强硬、举止粗暴，且往往具有突发性，自己都难以控制。事后会后悔而平静下来。但再遇矛盾，又会以强烈冲突的方式应对。

第二，将反抗隐于内心，以冷漠相对。他们不顶撞，对不满的，乃至需反抗的言行似乎置若罔闻，但内心压力很大，充满痛苦，并会将其内化为不良的心境，难以转移。

顶嘴行为就属于青少年在外显行为上的对抗方式。此时，孩子的自我意识在快速发展，渴望独立自主，又想要表达自己的意图。所选择的方式就会使父母感到孩子不那么听话了，学会顶嘴了。

（二）亲子关系互动方式

亲子关系发展的过程受到双方互动的影响，当在互动过程中互不认可时双方都会产生不舒服的感受。恰恰由于这种不舒服的感受，才会使家长意识到孩子在成长。因此，作为家长要有充分的心理认知，接受孩子的顶嘴，调整沟通方式，以帮助孩子顺利成长。

（三）外在环境改变

孩子喜欢顶嘴还可能与生活环境、教育环境等外在环境改变有关。例如，孩子可能因为缺乏安全感而表现出自我防卫的行为；也可能因为父母管教过于严厉而表现出反叛或抵触情绪。因此，家长需要认真观察孩子的行为和情绪，找出问题的根源，并采取适当的措施来帮助孩子解决问题。

（四）心理问题因素

当孩子的行为或情绪出现明显的变化时，必须考虑可能与某些心理问题有关，例如情绪障碍、注意缺陷多动障碍、对立违抗障碍、品行障碍等疾病，遇到这种困惑时，应尽快前往当地专业心理咨询机构寻求帮助。

59 祖辈如何帮助孙辈成长？ —— 宋晓红

【案例】

　　张阿姨因为儿子儿媳工作繁忙，被儿子儿媳请来家里帮助他们带孩子。起初，张阿姨的到来确实分担了小两口儿的育儿压力，但时间一长，在对孙子的教育方式和教育理念上，张阿姨和儿媳经常发生矛盾。儿媳感激婆婆帮助她缓解了育儿的压力，可对婆婆纵容孩子的某些行为感到不满，双方经常在孩子的教育问题上产生分歧而爆发争吵。儿媳觉得婆婆的纵容不利于孩子的健康成长，张阿姨感到很委屈，自己帮着儿子儿媳带孩子，不仅不被理解，还落下埋怨。

【问题】

● 祖辈如何帮助孙辈成长？

　　受传统文化和观念的影响，我国隔代养育的现象比较普遍，不少祖辈会帮助儿女照顾下一代，这种方式在帮助年轻夫妻缓解养育压力的同时，也会出现一些问题，比如两代人因为观念不同而在孩子教育问题上产生矛盾和分歧，或者有的年轻父母干脆将育儿责任全部推给自己的父母，给孩子的成长带来不利影响。

1. 明确自己的定位

祖辈在帮助养育第三代的过程中，需要明确自己的角色定位，明白父母始终应该是养育未成年人的主体责任人。只有父母和祖辈都明确自己在育儿中的角色并相互配合，才能最大限度保证孩子在一个健康和谐的家庭环境中成长。

2. 祖辈是配角而不是主角

祖辈首先要明确自己在育儿中作为配角的地位，应该让年轻父母作为主角承担责任、发挥作用。即使在现实生活中，祖辈陪伴孩子的时间可能比年轻父母更多，但也不能喧宾夺主，而应把主角位置有意识地留给年轻父母，并鼓励年轻父母成为家庭的核心，形成育儿中的责任意识。

3. 祖辈是协助者而不是代替者

在帮助年轻父母带孩子时，祖辈要时刻提醒自己作为协助者的角色。在关乎孩子的培养方针或教养观念等问题上，祖辈应多尊重孩子父母的意见，而不应代替他们做决定。祖辈可以说出自己的建议供年轻父母参考，但不能因为不放心或者因看到年轻父母在抚养孩子时的不足之处，就越俎代庖、大包大揽。

4. 祖辈是合作者而不是竞争者

祖辈还可以在育儿中扮演合作者的角色，合作应该是双方发挥优势，互相弥补与配合，而不是与年轻父母展开竞争，抢夺在家庭中的地位或在孩子心目中的地位。祖辈要看到年轻父母的优势如思想更先进、视野更开阔。两代人要发挥各自所长，形成合作格局，共同给孩子创造健康和谐的成长环境。

教育孩子不容易，隔代教育更难。祖辈恰当扮演好自身角色，才能让家庭更和谐、孩子更健康、自己的晚年也更幸福。祖辈只要对自己有准确的角色定位，有良好开放的心态，一定能在陪伴孙辈成长的过程中发挥出积极作用，成为年轻父母育儿的好助手，也能让自己在天伦之乐中享受幸福的晚年生活。

性心理篇

60 孩子撞见父母的亲热行为怎么办？

—— 刘宏

【案例】

有一次，我在出门诊咨询时，一位来访者做了如下描述："在我能和父母对话的年龄，一天晚上我被一种奇怪的声音吵醒，很像东西压在弹簧床上的声音……我自然地回过身来转向父母睡觉的大床，看见一个奇怪的画面：父亲和母亲裹在一条被子之中，父亲压在母亲的身体上，脸贴着脸，一下一下地动作，发出有规律的声音。当时我感到惊恐，也是厌恶的，感觉到画面很丑。我叫着爸妈，但是他们对我不理不睬，多次叫唤无回应后，我忽然变得紧张、烦躁起来。好像母亲还说了一句'你别管'之类的话。从此，感觉很讨厌他们。"这件事对她后来生活中带来很大的心理困惑。其实，现实生活中很多人都存在类似困惑。

【问题】

● 孩子撞见父母的亲热行为怎么办？

产生上述问题的原因有如下几个方面：

首先，由于居住条件的限制，或者孩子太小还不能分床睡觉，父母性生活多数是选择在孩子入睡后进行，认为这样孩子是不知不觉的，其实不然。

其次，父母性生活时，孩子在床上虽然没有亲眼看见，孩子还是能感觉到。曾经有来访者表示在父母床上看到使用过（或未使用过）的安全套，或者在隔壁的房间能听到声音。

再次，由于父母疏忽大意，以为环境安全，却被孩子意外撞见。有些成年来访者就表示小时候撞见父母性生活的情景，自觉受到了影响，给自己带来很多痛苦，有的甚至对父母行为产生不满，或者害怕和异性交往，不能完成性生活，甚至不能正常表达性欲望。

另外，从精神分析的观点来看，父母性生活的情景都进入孩子潜意识中，对其生活或多或少都会产生一定的影响，有些甚至是不利的影响。咨询案例中患者的主要苦恼就是觉得心情烦躁，不能和他人建立持久稳定的亲密关系，对自己出现性欲望感到很苦恼，甚至痛恨自己。

如果孩子真的撞见父母亲热的情景怎么办？年幼儿童由不懂人类性行为的意义是什么，看到父母做爱后会感到恐慌，甚至认为爸爸为什么要欺侮妈妈，或者妈妈为什么要欺侮爸爸，还会喊叫，那么痛苦。其实，聪明的家长完全可以给孩子正确的性知识教育，可以告诉孩子，父母做爱，是表达爱的一种方式，同时要告诉孩子做爱的责任、年龄、权利、义务，要遵循成年、自愿、尊严和隐私等原则。

因此，夫妻性生活时一方面在保证私密、安全的环境进行；另一方面，如果确实被孩子撞见了，则需恰当处理，首先被看见以后则需要立即停止，并根据孩子年龄进行恰当的性知识教育。

61　父母如何对孩子进行性教育？ ——刘宏

【案例】

　　张某，女，22岁，东北某城市技校学生。12月中旬一个寒冷的夜晚独自在出租房产下一女婴，因担心不能抚养而将女婴遗弃在楼下垃圾桶，次日早上路人发现死亡女婴而报警。经了解张某年幼时母亲身亡，由父亲独自抚养长大。父亲是渔民，长期在外从事海上捕鱼工作，对张某照顾很少，张某成年后甚至月经都不知如何处理。上技校后某天晚上同学聚会，认识一男生王某某，并同王某某发生性关系，次日王某要求分手，张某又与另一男生赵某建立恋爱，并多次发生性关系，其后月经一直未来，同学问其肚子为什么大了，而其表示是胖了，直到自己产下女婴并遗弃而案发。

【问题】

⊙ 父母如何对孩子进行性教育？

随着孩子年龄的增长，孩子慢慢地必然会向父母询问和性有关的问题，比如："我是从哪里来的？""那两个人为什么会接吻？""为什么你的小鸡鸡又大又黑，我的小鸡鸡又小又白？"面对满大街的人流广告孩子会问："什么是人流？"多数父母面对孩子的这些问题都会不知所措，或者回避，甚至紧张、害羞。

面对这些问题，也许我们无法一一提供标准答案，但是在回答这些问题时我们需要有两个重要理念：坦然面对，增能赋权。

首先，坦然面对。孩子问到有关其他生理方面的问题，比如"人为什么会感冒？为什么要放屁、拉屎？"我们能够坦然面对、积极回答，如果孩子问到关于性的问题，我们采取回避的态度，反而会增加性的神秘、羞耻或者是污名感、罪恶感。当孩子提出有关性的问题时，有的家长采取回避态度，孩子会更加好奇地去探究。性教育从来都不缺少，如果得不到正确的引导，就会往坏的方面发展，给孩子带来更加不利的影响。好奇心的驱使会让孩子发生更早、更多不负责任的性行为。

其次，增能赋权，是一种社会工作理论，旨在提高个人或社区的自我效能，并增加在生活与社区工作中的参与和控制权。增能赋权性教育就是让孩子思考对自己和他人的责任，允许他们对自己的性行为有更多的掌控感，如果没有准备好对自己和他人负责，就不能随便发生性关系，这就是增能赋权。有研究发现，欧洲的性教育，就是不回避，孩子很小的时候就有关于"性病、意外怀孕"等方面的教育，但欧洲却是全世界性病和意外怀孕率最低的。

最后，如果孩子认为父母是错误的，坚持选择自己的意见时，父母可以思考为什么孩子会有不一样的思想，同时父母也要再次说明自己的观点，让孩子自己做决定，也许孩子最终选择错误的决定，当孩子失败以后，下次就会改正，所谓吃一堑长一智。

总之，和孩子讨论性话题时采取增能赋权的态度、坦然面对，减少性的神秘感和羞耻感。孩子成年后才能够采取自主、健康和负责任的态度与他人发生性关系。

62 受到性侵害后怎么办？

—— 刘宏

【案例】

某女，18 岁。10 岁时父母离异，由父亲抚养，经常受到父亲打骂。10 岁以后的 6 年间经常被父亲强迫发生性关系。12 岁左右开始心情不好，自觉没有乐趣，整天紧张不安，经常使用刀片划伤身体。初中毕业后间断工作，17 岁离开父亲独自生活。近半年来心情十分郁闷，认为自己什么都做不好，无法工作，就想在家待着不出门，经常做噩梦。月经前后情绪尤其不好，经常和男朋友吵架。曾经诊断"抑郁症"，服药治疗，疗效不佳，多次服药自杀未遂，十分苦恼。

【问题】

● 什么是性侵害？受到性侵害后怎么办？

1. 性侵害的概念

性侵害是指违背受害者本人意愿、被其他人试图以暴力威胁或者欺骗和引诱等方式进行的，以性为目的的接触，可能是躯体接触也许是言语骚扰、调戏、侮辱或者强迫观看色情视频等，包括强奸、强奸企图、猥亵、性骚扰等方式。强奸是指施暴者违背他人意愿、采取威胁或暴力方式把自己阴茎、舌头、手指或其他物品插入受害者阴道或肛门，或者把阴茎插入受害者的口腔的性行为。

性侵害的实质是违反受害者的意愿，并对其在主观上产生了不愉悦的情感或情绪，造成心理或者生理上的伤害。

2. 性侵害的种类

（1）以性侵害过程分类：强奸，性骚扰、性施暴、强制肛交或口交、性虐待等。

（2）以接触方式分类：肢体接触、非肢体接触（如言语骚扰、调戏、侮辱、强迫观看色情片等）。

（3）以行为方式分类：暴力行为和暴力胁迫。

（4）以施暴者分类：陌生人物、熟悉人物、伴侣或者家人。

（5）以受害者分类：男性受害者和女性受害者。

（6）以受害者年龄分类：未成年受害者和成年受害者。

3. 受到性侵害的后果

（1）产生行为异常：表现为睡眠障碍；不愿进食或者大量进食；日常活动过度，或攻击他人，社会退缩；因注意力不集中而影响学业等。有的受害者会出现自伤自残等行为。

（2）儿童、青少年被性侵害后容易出现创伤应激障碍（PTSD），表现为情绪障碍，焦虑、抑郁情绪或者泛化的恐惧，或者愤怒攻击等。也有可能出现生理不适等躯体化症状。

（3）人际关系方面：孤僻、退缩，不出门以避免与人接触，以致不能正常上学和工作；也有的受害者过度顺从，完全依赖他人。

（4）容易产生不恰当的性认知行为：未成年时表现出性诱惑的姿势，或者表现出性放纵，过早与他人发生性关系，离家出走或者出现卖淫活动。

（5）容易罹患精神障碍：早年性侵害受害者容易罹患抑郁症、惊恐障碍、躯体形式障碍、人格障碍以及性功能障碍等精神疾病。受害者可能会出现施虐—受虐倾向、性心理问题，酗酒或者滥用其他物质，消极自杀观念或行为。

（6）增加婚姻暴力的危险性：早年性创伤经历可能导致成年后再次遭受性暴力时会显得软弱无力，更容易受到性伙伴的虐待。也可能由于性早熟或者对性行为规范的认识不够，表现孤僻、我行我素而过早或过频地进行性活动。

4. 受到性侵害后怎么办？

（1）遇到性侵害时，如果情景危险时，不要做过于激烈的反抗，或者对施暴者采用言语威胁的方式进行反抗，这样有可能会激怒对方，导致自己受到更大的伤害甚至危及生命。而要牢记施暴者的体貌特征、口音等相关信息，寻找适当时机尽快脱离危险环境，或者采取隐蔽手段发出求救信号。

（2）受到侵害后，在确保环境安全的情况下立即寻求警察帮助，尽量保护好现场，尽可能保留完整的相关证据，如使用过的纸巾等物品或者自己的内裤。

（3）尽快寻求医疗帮助，完善相关检查，确定身体伤害情况，采取必要措施尽量减少身体伤害。非紧急情况下，在见到医生之前不要清洗身体。

（4）寻求心理援助，性侵害是一种创伤经历，可能使受害者产生情绪反应，可以寻找可信任的人诉说，或者寻求专业心理工作者接受心理援助。需要强调的是受到性侵害，是施暴者的错，受害者不必自责。

（5）即使由于某些原因暂时无法采取法律手段制裁施暴者，也要采取必要的措施，远离施暴者，避免再次发生性侵害。

5. 加强性教育与减少性侵害

针对不同年龄阶段的儿童、青少年及时进行相应的性教育，反对性别歧视，及时对受害者去污名化。性侵害受害者中有女性受害者，也有男性受害者。不但要进行反对性侵害的宣传，而且要进行赋权型性教育，让受教育者有能力决定自己的性权力，也包括有能力应对性侵害。

63 如何识别孩子早恋的迹象？

—— 刘宏

【案例】

　　小丽刚刚进入初中学习就开始喜欢打扮，偷偷地使用妈妈的化妆品，要穿漂亮的衣服，还做了美甲，每天都换不同的发型，戴不同种类且很有个性的发饰。每天早早地离家上学，放学回家也很晚，周末不补课的时候也不愿在家里待着，喜欢外出；手机也设置了密码，不允许爸爸妈妈打开，微信朋友圈也把爸爸妈妈拉黑了。有一天放学后很晚都没回家，后来被妈妈发现口袋里有两张电影票。妈妈很担心小丽是不是在恋爱了，会不会因此影响学习。于是便带小丽前来咨询。

　　还曾经有个妈妈带着上高中的女儿来咨询，咨询的原因是"女儿和男孩恋爱了"，我便问女孩的妈妈：她不和男孩恋爱那跟谁恋爱呢？妈妈笑道：担心她早恋。

【问题】

● 如何识别孩子早恋的迹象？

　　随着年龄的增长，孩子身体逐渐发育，2～3岁开始出现两性意识朦胧，未成年人的性器官在10岁以前发育很慢，10岁以后会快速发展。少年期（10～15岁）是个体生长发育的鼎盛时期，也是性成熟的初期阶段，性功能迅速成熟，青春期第二性征开始出现到完全成熟，随着下丘脑–垂体–性腺轴功能启动，通常女孩在10～12岁时开始出现第二性征，男孩则在12～14岁时开始，较女孩迟2年左右。

　　青春期性发育遵循一定的规律，女孩青春期发育顺序为：乳房发育，阴毛，外生殖器的改变，月经来潮，腋毛。整个过程需1.5～6年时间，平均4年左右。男孩子性发育则先表现为睾丸容积增大（睾丸容积达到6mL以上时即可有遗精现象），继之阴茎增长、增粗，出现阴毛、腋毛生长及声音低沉、胡须等成年男性身体特征。

　　随着身体的发育，青春期男孩、女孩开始因为体力和体能不适应，和同龄朋友不一致而产生苦恼，男孩对性功能成熟还缺乏精神准备，而容易出现不由自主的性冲动。曾经有个 17 岁男孩，在国外留学期间，因担心在公共场合阴茎勃起，害怕自己会当众出现不雅动作，而不愿到教室上课，以致无法正常学习而苦恼不堪。有的对异性产生好感，希望接近，又不知所措，又害怕家长、老师和同学知道，非常烦恼。

　　"早恋"是 20 世纪 80 年代在中国流行起来的称谓，一般是指儿童、青少年身体没有完全发育成熟就开始发展恋爱关系。从字面可以感受到有对爱情否定的含义。"早恋"二字其实家长是在表达自己的不理解、不舒服、不高兴。认为自己是站在家长的角度保护孩子，担心孩子会受到伤害，会影响学习。但是，伴随着儿童和青少年生理上逐渐发育成熟，其性心理也在发展，儿童、青少年对他人开始有喜爱、愿意接近的感觉，甚至是朦胧的性吸引，在恋爱时牵手、拥抱、接吻或者抚摸身体等，这都是正常。

　　因此儿童、青少年进入青春期后，随着身体发生变化，他们开始喜欢打扮自己，注意自己容貌和穿着，喜欢关闭房门，回避他人，手机设置密码等行为时候，说明孩子已经长大了。孩子和他人亲近不一定就是恋爱，即使是恋爱，也不一定是坏事，至少说明孩子已经长大了，有性需求了。家长不是要阻止他 / 她谈恋爱，当然不一定要鼓励青春期的孩子去恋爱，而是需要和他们一起去面对、去讨论。比如：有喜欢的对象，能否对自己和他人负责，是否需要去表达，如何表达，对方拒绝怎么办，怎么在学习和恋爱之间做好平衡等，最终通过讨论让孩子懂得要对自己和他人负责。这样就大大减少了孩子来自家庭的压力和精神负担，出现什么问题，孩子也会及时向家人求助，防止出现其他意外。

64 儿童为什么经常出现夹腿现象？ —— 刘宏

【案例】

琪琪妈妈咨询：女儿 3 岁，在家里晚上睡觉时经常出现双腿紧绷，面色红润，有时全身出汗。幼儿园老师也反映琪琪在幼儿园每天午睡时经常会双腿紧紧夹着，以至于会全身出汗。也不管周围是否有其他人在场，甚至和其他小朋友一起玩耍的时间都明显减少，幼儿园老师劝说也不听从，老师都不知道如何是好。妈妈担心总这样会不会对身体有什么不好的影响，担心其他小朋友看到以后会笑话她，长大以后会不会在心理上带来什么不利的影响？

【问题】

● 儿童为什么经常出现夹腿现象？

这种现象叫夹腿综合征，男孩女孩均可见，主要表现：双腿交叉紧绷，可以有面色红润、身体出汗、全身发紧等表现。世界卫生组织并没将这种表现纳入疾病分类中，说明这不属于疾病的表现。据研究表明，儿童在成长过程中都有可能有类似行为，甚至在妈妈的子宫里，也观察到类似行为。

引起这种情况的主要原因有：首先，会阴部不卫生引起的感染，导致会阴部瘙痒不适，儿童通过夹腿缓解其不适感；其次，也许是由于衣服过紧，刺激会阴部或者生殖器部位等；再次，儿童言语尚未完全发育成熟，不能正常使用语言来表达情绪，而采用夹腿的方式表达情绪；最后，还有可能是由于夹腿可以刺激性器官（阴茎或者阴蒂），产生性快感，因而会经常夹腿，使自己舒服，实际是一种自慰的方式。

当家长发现儿童出现这种情况，不要过于紧张，要寻找其发生的原因：(1) 如果是由于会阴部不卫生引起的感染，就应当立即就医接受适当的治疗，保持会阴部清洁卫生，尽快解决其会阴部疾患带来的不适感；(2) 如果是衣服过紧的原因，就需要更换合适宽松的衣服，勤换衣服，保持衣服清洁，减少衣服对生殖器的刺激。（3）如果是情绪问题，需要和孩子一起交流，找到引起情绪问题的原因，帮助孩子尽快解决问题，缓解情绪；（4）如果夹腿是一种自我性刺激，也就是自慰的过程，家长一定不要过于紧张，千万不要训斥孩子，也不要随意打扰该行为，等孩子自慰行为结束以后，温和地使用孩子能懂的语言告诉孩子，自慰是属于私密的事情，需要在安全的环境中，不能有他人在场，同时告诉孩子自慰是正常的行为，没有害处，也不要相信他人说的自慰是有害的；（5）家长要经常多带孩子运动，多与他人交往，学会和他人交往的规则，长大以后能很好地适应社会环境。

65　如何认识同性之间的亲密关系？　　——刘宏

【案例】

　　小航，男，30岁，12岁前后开始喜欢小男孩，有时会一起玩生殖器游戏，17岁左右开始喜欢和男生一起玩性游戏或者边缘性行为，被爸爸妈妈发现后，主动向爸爸妈妈解释，承认自己喜欢男生，不喜欢女生。爸爸妈妈坚决反对，希望小航长大以后早点结婚生子。小航爸爸身体不好，有尿毒症病史多年，小航又很担心爸爸身体，害怕爸爸不开心，又不想和女生结婚，而成为形婚（只有婚姻形式，没有实质内容）委屈自己。为此自觉十分苦恼，偶有轻生念头。

【问题】

● 如何认识同性之间的亲密关系？

　　说到这个话题，也许大家首先想到的是同性恋，而多数人都是异性恋，虽然现在大家现在对同性恋的态度有所改善，但多数人或多或少还是会有一些不一样的感觉。尤其是同性恋者的父母是最不能理解和接受的群体，有的父母会想方设法让同性恋孩子放弃同性恋的想法。有些人甚至害怕同性恋，就是所谓的"恐同"心理。

首先，同性恋与异性恋都是人类性倾向的正常类别，性取向不是一种选择，是无法通过后天改变的，性取向也不是自己能控制的，大量实证经验表明同性恋是无法被矫正的，矫正治疗只能给同性恋带来更大的痛苦。1973 年，美国心理学会与精神医学会将同性恋从疾病分类系统 DSM 中去除；1990 年，世界卫生组织（WHO）正式将同性恋从疾病手册中去除；1997 年，美国心理学会表示，人类不能选择作为同性恋还是异性恋，人类的性取向不是能够由意志改变的有意识的选择；2001 年，中国在精神障碍诊断标准 CCMD-3 中也不再将同性恋当作一种心理障碍。

关于性取向的产生有多种理论，目前绝大多数科学家、心理学家、医学家都认为性取向是先天决定的，同性恋就像左撇子一样，仅仅是和大多数不一样而已，但这是正常的。而性少数群体面临的最大的心理痛苦，不是性取向本身，而是因为社会、家庭、职场、自我等的不接纳带来的主观痛苦。

儿童、青少年在交往过程中多数是和同性交往，如果同性交往家长担心是同性恋，和异性交往又担心早恋，所以家长总是处在焦虑之中。无论是和同性交往，还是和异性交往都是人际关系，有人际关系总比没有人际关系好。如果真的发现自己的孩子是同性恋，父母需要认识到同性恋是正常的，不是心理疾病，对于同性恋者，生命中的最大支持就是来自家人，尤其是父母，如果能得到父母的理解和接纳，他们会幸福很多，反之，则造成了同性恋者最大的心理负担，甚至引发悲剧。

66 如何引导孩子的恋物行为？ —— 刘宏

【案例】

元元，男，13岁，初中。他家楼上楼下邻居家经常有女鞋、女丝袜丢失。开始周围人也觉得很奇怪，有一天元元妈妈发现家中暖气片和墙面之间塞了好多女丝袜，在家里门外走廊水表箱柜子里发现好几只女式高跟鞋。妈妈问元元怎么回事，元元开始拒不承认，表示自己不知道。爸爸妈妈只好偷偷观察，后来发现元元书包里有时也有女丝袜或者女性贴身衣物，被反复追问下，元元才开始承认曾经偷偷穿过妈妈的丝袜和内裤感觉很舒服，还有阴茎勃起，有时会遗精，后来慢慢地就去偷拿其他女性物品。爸爸妈妈每天都检查书包，有时在家里也会发现其他女性物品。为此爸爸妈妈很着急而带元元来医院就诊。

【问题】

● 如何引导孩子的恋物行为？

恋物症定义：指在强烈的性欲望与性兴奋的驱使下，自觉不可控制地反复收集异性使用的物品，所迷恋物品均为直接与异性身体接触的东西，如文胸、内裤、内衣、手套、手绢、鞋袜、卫生巾、发夹饰物等。主要通过抚摸嗅闻这类物品有时会伴以自慰，或在性交时由自己或要求性对象持此物品，以此来达到性高潮而获得性满足，所恋物品成为性刺激的唯一来源或者成为获得性满足的基本条件。如果因为这些行为导致显著的痛苦体验，并且因此引起社交、职业或其他社会功能方面的损害者才考虑诊断为恋物症。

主要表现：他们有时会采用各种手段甚至不惜冒险偷窃妇女性用品并收藏起来，作为性兴奋的刺激物，他们通常对未曾使用过的物品兴趣不大，更喜欢获取女性用过的甚至是很脏的东西，且一般并不会接近物品的主人，对异性本身也没有特殊的兴趣，一般不会出现攻击他人的行为。也有的恋物症者表现为对女性性器官之外的某一身体部位，如头发、手指、指甲或者脚趾迷恋。有的在拥挤的公共场所抚摸女人的头发，甚至将头发剪下收藏作为性刺激物。

主要人群：这种现象几乎仅见于男性。尤其是独身居住者常见。

排除类型：正常人对心爱的人所用物品偶尔也有闻闻、看看或者摸一摸等念头和想法，不能属于恋物症；当使用这些物品是以正常方式获得后以提高性兴奋的辅助手段时，不能视为恋物症；最后使用性器具来刺激生殖器官以获得性满足的行为不属于恋物症。

治疗：对于恋物症者没有违反法律，如果没有痛苦体验，不影响社会功能，不影响他人正常生活，可不必治疗。

如果因此带来明显的痛苦体验，明显影响社会功能者，需要接受咨询或者治疗。如果有明显的痛苦情绪者可以服用抗焦虑或者抗抑郁的药物，有条件的可以接受系统的心理咨询与心理治疗。

危机干预篇

67 抑郁症患者自杀前有求救信号吗?

—— 许俊亭

【案例】

小明，18岁，某重点高中高三学生。3月末的一天下午，同学们下课后都陆续到食堂吃饭，小明看教室里没有几个人了，自己来到窗边，纠结了一番，打开窗户，纵身一跃，从6楼跳下。事件发生后，学校邀请了心理专家对学生们开展心理危机干预工作。好多同学问：一个人自杀前会有什么求救信号吗？或者说自杀前会有什么线索吗？

【问题】

● 抑郁症患者自杀前有求救信号吗?

回答这个问题前，我们首先需要澄清一个话题，并不是所有自杀的人都是抑郁症，抑郁症确实是自杀的高危因素，但并不是唯一因素。除了抑郁症之外，还有很多心理问题者或其他精神疾病者也有较高的自杀风险，当然也有一部分人的自杀被称之为冲动性自杀，也就是说从有自杀想法到自杀成功只有2个小时的时间。本文所讨论的内容是需要排除冲动性自杀的。

在非冲动性自杀者中，自杀并非突发。一般而言，自杀者在自杀前处于想死同时渴望被救助的矛盾心态时，从其行为与态度变化中往往可以看出蛛丝马迹。大多数自杀者都有可观察到的征兆。据南京危机中心调查，61例自杀的大学生中，有22人曾明显地流露出各种消极言行以引起周围人的关注。作者这些年一直从事自杀的心理干预工作，结合多年的工作，现总结一下往往被人提及的线索：

1. 以前有过自杀未遂，有过自杀行为但没有自杀成功，这部分人将来再次出现自杀的风险更高，往往会有很多人认为自杀一次，当事人肯定不会再自杀了，这是关于自杀认识的一个误区，我们会在后面的章节专门讨论这个话题。

2. "是不是死了就没有那么多麻烦事儿了""我死了，大家不要想我呀"，"我死了你们会更好的"。往往会有一些人会以开玩笑的口吻跟周围人说这样的话，或者即使是认真地跟周围人说这样的话，大家也往往会认为是在开玩笑的。如果一个人经常将死亡或自杀挂在嘴边，大家千万不要掉以轻心，一定要关注一下他 / 她的心理状况。

3. 经常上网收集与自杀有关的资料并与人探讨，如果一个人最近总上网收集关于自杀的资料，或加入一些自杀的群或社区，那这个人自杀的风险就比较高；或者一个人总跟好朋友讨论关于生死相关的话题，那这个人自杀的风险就比较高了。

4. 经常将死亡或抑郁作为谈话、写作、阅读内容或艺术作品的主题：如果一个人最近总阅读一些关于死亡或抑郁相关的读物，或者作文日记里表露出消极的想法，那么这个人自杀的风险就比较高；如果一个爱画画的人，绘画作品中总是流露出血腥或阴暗的色彩，那我们也需要关注这个人的心理健康状况了。

5. 如果一个人近期频繁地出现各种身体不适，比如反复的胸闷、心慌、头痛、肚子痛等，反复到医院检查，又查不出什么身体的问题，我们也要关注这个人的心理健康状况了，也许这是他的身体在发出警报信号了。

6. 性格的改变：如果一个外向开朗的人，近期突然变得闷闷不乐，不愿意讲话了，或者一个平时很内向的人，近期突然变得外向，活跃起来了，那也有可能是心理健康状况出了问题了。

7. 学习成绩的变化：一个人的学习成绩突然下降，或者学习生活中拖拖拉拉，不能按时完成作业，或者莫名地不愿意上学，这些也都是心理状况出现问题的表现。

8. 生活作息的变化：如果一个人最近总是入睡困难或早醒，或者突然不愿意吃饭了，我们也需要关注他的心理健康状况了。

上述都是笔者在这些年从事自杀心理干预过程中经常遇到的，自杀者生前曾经流露出来的线索，如果周围人能够敏锐地捕捉到这些线索，对他们发出的求救信号做出积极的回应，也许我们可以挽救一个鲜活的生命！

68 目睹跳楼会给孩子带来什么心理影响?

—— 许俊亭

【案例】

小明，15岁，某重点高中高三学生。3月末的一天下午，小明同学刚吃完晚饭，从食堂往教室走，突然一个同学从楼上坠落，恰好落在小明眼前，小明当时就呆坐在地上，迟迟无法站起来。其他同学报告老师后，另一个老师把小明搀扶起来送回教室，小明在教室里仍心有余悸，心脏仍怦怦直跳，不由自主地流泪，根本不能专心看书。老师通知了小明的家长，家长将小明接回家，回家后，小明开始不停地呕吐，直到吐不出任何东西。睡觉时，小明仍感到害怕，一闭眼睛，自己下午目睹的一幕又会出现在眼前，小明就要求爸爸陪自己睡觉。第二天小明不愿意去学校上学，仍感到害怕。小明的爸爸感到不解，小明这是怎么了?

【问题】

● 目睹跳楼会给孩子带来什么心理影响?

孩子目睹别人跳楼自杀，这件事情会给孩子带来很大的心理冲击。我们往往会从以下4个方面来回答这个问题。

首先是生理上的影响：就像本案例中的小明，他目睹了同学跳楼的过程，当时出现了很强烈的生理上的反应，心慌、恶心、呕吐、瘫软在地，还有的人会出现头痛、胸闷、气短、血压升高、胃部不适、腹泻、出汗或寒战、肌肉抽搐、肌肉酸痛等。总之，身体上的各种不适都可以在这种突发状况下出现。

其次是情绪上的影响：本案例中的小明，他出现了很强烈的恐惧、害怕的情绪反应，除此之外，有的人会在一段时间内陷入无尽的悲伤之中；有的人会出现强烈的内疚自责，认为是自己没有帮助到自杀者；有的人会表现得格外冷静，显得很麻木，似乎什么事都没有发生过一样；还有的人会出现愤怒的情绪，尤其是对自己的同学或家长，会莫名其妙地冲他们发脾气。总之，各种负性情绪体验都可以在这种突发状况下出现。

再次是认知上的影响：本案例中的小明，在认知上出现了一个叫"闪回"的反应，经历了突发事件，很多人都会出现这种情况，突发事件的场景像放电影一样在脑海中反复出现，有的时候也会在梦境中反复出现，自己想控制但总也控制不住；本案例中，小明还出现了注意力不集中的表现，在教室里总也不能集中注意力学习；还有的人会出现记忆困难，原来读两三遍就能背会一篇文章，现在读好多遍仍然不能背下来；还有的人会在一段时间内表现得犹豫不决，思考能力下降，理解能力下降，等等。

最后是行为上的影响：本案例中的小明，虽然已是高三学生了，但事发当天晚上，要求爸爸陪自己睡觉，18 岁的大小伙子表现得像幼儿园的小朋友一样需要爸爸陪着睡觉，这种行为表现，我们称之为退行，低年龄段的孩子可能会出现尿床、吮手指、要求喂饭、要求家长帮助穿衣等表现，大一些的孩子也会表现得比较幼稚，不敢离开父母，怕黑，不敢独处或单独去新的环境，发脾气、攻击同伴、不想上学、不与同学交往。不愿意提及经历的事情，也不愿意再回到当时的场地。高年龄段的孩子还会出现抽烟、饮酒等不良的行为方式。还有一些孩子经常会被一点小的声音吓一大跳。

作为家长，当孩子目睹跳楼或其他突发事件后，我们该怎么做？第一，我们要鼓励并耐心地倾听孩子表达的他们的内心感受，允许孩子哭泣，更要允许他们表达悲伤；第二，我们要一面倾听，一面告诉孩子，这些都是一个正常人面对这样的突发事件的正常反应，大人经历这样的事情也会有这种表现的。第三，不批评，不要强求孩子勇敢或坚强，暂时减少对学习与行为规范的期望；第四，鼓励孩子进行身体锻炼和游戏。最后，让孩子尽快回归规律的家庭和学习生活，尽快复课，以获得更多的同伴的心理支持，避免无原则长期迁就。

69 自杀过的人是不是就不能再自杀了？

—— 许俊亭

【案例】

小明，15岁，初三学生。因面临中考改革而感到压力重重，经常失眠，常常要到凌晨2点多才能入睡，白天上课注意力不集中，学习成绩下降，自己觉得考不上高中了，终日郁郁寡欢，十一放假也不愿意跟同学出去玩，自己在家里拼命学习，然而学习效率非常低，十一假期结束后班级测试，竟然有一门功课不及格，小明感到非常绝望。一天晚上小明偷偷翻出家里的药，抠出一大把吞了下去。半个小时后，胃里翻江倒海的难受，小明喊醒了家长，告诉他们自己吃药了。家长送到急诊室抢救，医生建议家长带领小明到精神科就诊。小明对于自己的自杀行为感到非常的后悔，表示自己以后再也不会这样了。家长也在问医生，孩子是不是以后真的就不能再自杀了？

【问题】

⊙ 自杀过的人是不是就不能再自杀了？

很多人都认为，自杀过一次的人，经历过死亡，或者经历过痛苦的抢救过程，他们应该不能再去自杀了；也有很多自杀未遂者自己声称自己以后再也不能自杀了，所以大家都觉得自杀过的人肯定不会再次自杀了。事实真的如此吗？我们先来看一组数据：调查显示，在所有的自杀成功者中，有50%曾有过自杀的经历，先前的自杀尝试越多，自杀成功的可能性就越大。自杀未遂者再次自杀的风险是普通人的20~40倍。这两组数据告诉我们，自杀过的人就不能再自杀是一个绝对错误的观点。目前关于自杀，大家还有很多认识上的误区。接下来我们一起来了解一下。

1.与有自杀倾向的人讨论自杀将诱导其自杀：很多家长或老师发现孩子有自杀的倾向，但不敢跟孩子谈论这个话题，害怕跟他们讨论这个话题会起到诱导作用，作者在临床工作中，也经常遇到家长带着孩子到医院就诊，当医生跟孩子谈论自杀的问题时，家长赶紧在孩子背后冲医生摆手，示意不要谈这个话题。可是当医生诚恳地跟孩子谈这个话题时，孩子们往往会很感动。事实上，有自杀倾向的人，内心往往是很纠结、很无助的，当一个人可以诚恳地跟他谈论自杀的话题时，他会有种被理解的感受，那份绝望和无助感就会减轻很多。

2. 跟别人说要自杀的人或跟别人讨论自杀的人不会自杀：这也是一个错误的想法，调查显示，有 80% 的自杀者在自杀前都曾流露过要自杀的想法。也就是说，自杀的人中 10 个有 8 个曾明确地表示过自杀的念头。

3. 自杀未遂后，自杀危险可能结束：这是本案例中呈现的观点。

4. 自杀的发生是没有预兆的，自杀是不可能预防的：有 80% 的自杀者在自杀前都曾流露过要自杀的想法。大多数自杀者在生前或多或少地都会有一些线索或征兆，本文中有专门讨论自杀的线索话题，因此，大多数自杀是可以预防的。

5. 自杀的人都有精神疾病：国内曾做过自杀死亡者的心理解剖研究，发现自杀死亡者中 2/3 的人罹患精神疾病，有 1/3 的人无任何精神疾病。因此，并不是所有自杀者都罹患精神疾病。

作为家长，当我们发现孩子有自杀的风险，我们该怎么办？首先要相信他说的话，并认真对待"你一定是遇到困难了才这样做的，有什么事可以跟爸爸妈妈说说吗？如果你愿意说，我们非常愿意听，看我们能不能帮到你，我们一起来解决"。"每个人都会遇到困境的，在找不到答案的时候，可能会出现自杀的想法，如果我们解决不了显著性问题，我们去寻找专业人员的帮助吧"。

70 亲人离世如何调整孩子的心态？

—— 许俊亭

【案例】

小明，5 岁。小明的爸爸意外离世，家人觉得孩子太小，就没有告诉孩子爸爸离世的消息，一直告诉孩子爸爸出差了，时间长了，小明开始频繁地问妈妈，爸爸什么时间回来呀？爸爸怎么不给我们视频了呀？爸爸是不是不要我了呀？是不是我做错什么了，爸爸生气不回来了呀？妈妈见无法再隐瞒事实真相，但又不知道该怎么跟小明说这件事，来到医院咨询。

【问题】

● 亲人离世如何调整孩子的心态？

亲人离世会让人感到悲伤、困惑、愤怒或无助，对于孩子更是一个巨大的情感挑战。作为家长，我们需要采取一些措施来帮助孩子调整心态，以更好地应对这一情感困境。

首先要面临的问题是：亲人离世到底应不应该告诉孩子？很多家长都会像小明的妈妈一样，担心孩子太小，还不懂事，会选择隐瞒事实真相，会欺骗孩子说家人出差了，或出远门了。但作为一名心理卫生工作者，我们是不赞同这样的做法的，这样做很容易让孩子产生如同小明一样的心理，是不是我做错什么事了，家人才不回来的。很多医生认为，不仅要告诉孩子真相，还要带领孩子参加葬礼以及各种告别性仪式活动。也有学者认为葬礼上的肃穆氛围也会给孩子带来不良的心理影响。笔者认为，可以不参加葬礼，但需要带领孩子参加各种仪式性活动（如守丧、"三七"、百天、周年纪念活动等）。从心理学的角度看，传统的丧葬仪式是亲人离世后完成告别的重要活动，具有重要的哀伤辅导的作用。

如果因为种种原因，孩子没能参加丧葬仪式，也需要跟孩子坦诚沟通，与孩子坦诚地谈论亲人的离世，让他们表达自己的感受。避免使用过于保护性的语言，而是鼓励孩子说出他们的想法和感受。这样可以帮助孩子释放情绪，同时让他们感受到被理解和支持。

提供安全感，给予关爱：孩子可能会感到孤独和害怕，我们需要给予他们更多的关爱和陪伴。通过拥抱、亲吻和安慰的话语，让孩子感受到家长的爱和支持。同时，告诉孩子他们并不孤单，身边还有很多人和他们一起面对这个困难。

进行适当的教育：根据孩子的年龄和认知能力，向他们解释死亡是一个自然的过程，每个人都会经历。可以通过故事、书籍或动画等形式，以孩子易于理解的方式，帮助他们理解死亡的含义和生命的价值。

建立纪念方式：鼓励孩子参与一些纪念活动，如制作纪念册、种植一棵树或参加悼念仪式等。这些活动可以帮助孩子更好地面对失去亲人的现实，同时让他们感受到生命的延续和美好。

寻求专业帮助：如果孩子的情绪反应特别强烈或持续时间较长，可能需要寻求专业心理咨询师或儿童心理医生的帮助。他们可以提供更专业的建议和支持，帮助孩子更好地应对失去亲人的痛苦。

总之，帮助孩子调整心态需要家长的耐心、关爱和理解。通过坦诚沟通、提供安全感、适当教育、建立纪念方式和寻求专业帮助等方法，我们可以帮助孩子更好地面对亲人离世的情感困境，让他们逐渐走出阴影，重拾生活的信心和勇气。

71 孩子总是讨论与死亡相关的事情怎么办?

——许俊亭

【案例】

小明, 5 岁, 幼儿园中班小朋友。小明最近总是莫名地问妈妈, 你不会死了吧, 或者是我要是死了妈妈会怎么办呀? 妈妈很担心小明是不是出现了心理问题, 来到医院咨询。

【问题】

• 孩子总是讨论与死亡相关的事情怎么办?

小朋友在一段时间内总讨论死亡相关的话题, 可能是因为他们在学校的某个活动中接触到了这个话题, 或者是看到了路边死去的动植物等。孩子们有时会对未知的事物产生好奇心, 而死亡往往是一个神秘且引人深思的主题。作为家长, 我们该怎么办?

倾听和理解：首先，要倾听孩子的问题并给予他们充分地关注。不要急于打断或给出答案。了解孩子提出这个问题的背景和他们目前的理解程度。

简单和真实地回答：根据孩子的年龄和成熟度，用简单、真实且不引起恐惧的方式来回答他们的问题。例如，如果孩子问到什么是死亡，你可以解释说："当生物包括人类在内老了或受到严重伤害时，它们的身体就不能正常工作了，这就是我们说的死亡。死亡是很自然的事情，是每个生物生命的一部分。"

关注孩子的感受：询问孩子对死亡有什么感觉，以及他们为什么想知道这方面的信息。这可以帮助你理解孩子的想法，同时也可以让他们感到被支持和理解。

提供安慰和解释：你可以用一些例子来帮助孩子更好地理解死亡，比如植物的生命周期或是季节的变化等自然现象。同时，强调生命的珍贵和如何珍惜与亲人的时光。

引导深入讨论：如果孩子对死亡有更进一步的疑问，鼓励他们分享自己的想法和感受，并给予更多的细节解释。例如，讨论关于人们如何纪念逝者的不同方式，如纪念活动或仪式。

利用故事和书籍：借助专为儿童编写的书籍和故事来帮助他们理解这一概念。选择适当的材料，如《爷爷变成了幽灵》这样的书籍，可以帮助孩子以积极的方式理解并接受死亡。此外，还有一些资源可以辅助进行死亡教育：儿童死亡教育主题的动画片或短片：这些短片通常以生动有趣的方式展现死亡的概念，可以帮助孩子在观看的过程中更好地理解和接受死亡。

持续的对话：将这种对话持续下去，让孩子知道他们随时都可以与你讨论任何问题，包括关于生命和死亡的话题。

同时，与孩子分享关于生命的积极面。强调生命的美丽、珍贵和脆弱，鼓励他们珍惜当下的每一天，关爱自己和身边的人。这样可以帮助他们更积极地看待生活，减轻对死亡的过度担忧。

此外，观察孩子的情绪变化。如果孩子表现出过度的焦虑、恐惧或抑郁等情绪，可能需要寻求专业心理咨询师的帮助。他们可以提供更具体的建议和支持，帮助孩子处理与死亡相关的情感问题。

最后，鼓励孩子参与积极的活动。为他们提供丰富多样的娱乐和学习机会，让他们将注意力转移到其他有趣和有意义的事情上。这有助于减轻他们对死亡的过度关注，并促进他们的全面发展。

通过这样的方式，孩子可以在安全和支持的环境中逐步建立起对死亡的认知，同时也能学会如何表达和处理与此相关的复杂情感。

72　总产生自杀念头，如何处理？ ——许俊亭

【案例】

　　小明，14 岁，初二学生。自从上初中以来小明学习成绩优秀，但总觉得自己应该更努力，否则就会被别的同学赶超。白天专心听讲，晚上会认真刷题，周末及节假日会参加各种辅导班，小明几乎没有休息的时间。一年多的努力让小明逐渐感觉到身体有些吃不消，渐渐出现失眠，上课注意力不集中，学习成绩也开始下降，看到自己那么努力，成绩还是下降了，小明觉得太累了，只有自杀才能解决目前的窘境，尤其是在凌晨时刻，无法安静入睡的小明，在脑海里反复出现自杀的念头。小明也觉得害怕，告诉了妈妈，妈妈陪同小明就诊。

【问题】

⦿ 总产生自杀念头，如何处理？

　　如果一个人在一段时间频繁产生自杀念头，这可能是一种非常严重的情况，通常与心理健康问题有关，如抑郁症、焦虑症或其他精神压力。以下是一些建议，帮助大家处理这种情况：

　　第一，要寻求专业帮助：这是最重要的一步，当一个人总产生自杀的念头，就需要尽快到专业的心理卫生机构与心理健康专家（如心理咨询师、精神科医生）沟通我们的感受和想法，他们可以为我们提供专业的评估和治疗建议。

　　第二，要与亲友分享自己的想法和感受：与亲近的人分享我们的感受，让他们了解我们正在经历的困境。他们可以提供情感支持，帮助我们渡过难关。

　　第三，要保持积极的生活方式：确保我们有足够的休息和睡眠，均衡的饮食，以及适度的运动。这些都可以对心理健康产生积极影响。如果出现持续的失眠，可以短期内服用一些改善睡眠的药物。按医嘱服药是不会产生依赖性的，也不会影响孩子的智力的。

　　第四，要避免自伤行为：如果发现自己有伤害自己的冲动，请立即远离任

何可能造成伤害的物品，并寻求紧急帮助。对于儿童、青少年来说，自伤是一种很容易掌握的缓解内心痛苦的方法，但这是一种很消极的方法，我们可以在家长、老师或专业人员的帮助下获得更多、更积极的应对方式的。

第五，学会放松和减压：尝试一些放松技巧，如深呼吸、冥想或瑜伽。这些可以帮助我们缓解压力和焦虑。

第六，建立支持系统：加入支持团体或参与社交活动，与他人分享经验和感受，共同面对困难。

请注意，每个人的情况都是独特的，因此建议你在专业人士的指导下制定个性化的应对策略。同时，如果你或你身边的人有紧急的自杀风险，请立即拨打当地的紧急救援电话或前往最近的医疗机构寻求帮助。

【附】MINI 自杀倾向评估表

在最近 1 个月内：			评分
C1　你是否觉得死了会更好或者希望自己已经死了？	否	是	1
C2　你是否想要伤害自己？	否	是	2
C3　你是否想到自杀？	否	是	6
C4　你是否有自杀计划？	否	是	10
C5　你是否有过自杀未遂的情况吗？	否	是	10
在你一生中：			
C6　你曾经有过自杀未遂的情况吗？	否	是	4

上述是否至少有一项编码"是"？

如果是，请对 C1 ~ C6 中评为"是"的项目，按其右侧的评分标准计分，然后对评分进行合计。根据合计得分，按下面标准评定自杀风险等级：

自杀风险	
低风险	1 ~ 5 分
中等风险	6 ~ 9 分
高风险	≥ 10 分

73 自伤或自杀的情绪困扰时，怎样选择救助途径？

—— 许俊亭

【案例】

小明，14 岁，初二学生。最近小明每天上学前就觉得头痛、心慌，有时候勉强坚持到学校会头痛得厉害，为此妈妈带领小明到医院检查，各项身体检查都没有问题，妈妈拿着检查结果告诉小明，你看，你并没有什么问题呀？可是以后的日子里小明还是头痛、心慌，妈妈又带领小明去另外一家医院检查，还是没有查出问题。妈妈就认为小明就是不想上学，就是想偷懒。小明感到非常的委屈。有一天小明不经意间用刀划了自己一下，突然觉得心里一下子平静了下来，之后，每当小明烦躁不开心的时候，都会用小刀划自己手臂。有一天跟妈妈争吵后小明当着妈妈的面拿小刀划自己，被妈妈劈头盖脸地一顿训斥，认为小明就是不想上学，现在又拿这一套来吓唬自己。小明越发的无助。直到后来被老师发现小明伤痕累累的前臂，才通知家长带小明来心理门诊就诊。

【问题】

● 自伤或自杀的情绪困扰时，怎样选择救助途径？

当您感到自伤或自杀的情绪困扰时，选择适当的救助途径非常重要。以下是一些建议：

寻求专业帮助：首先，建议您与心理健康专家（如心理咨询师、心理治疗师或精神科医生）联系。他们具有专业知识和经验，能够评估您的状况，并提供有效的治疗建议和支持。

紧急热线电话：许多国家和地区都有专门的紧急热线电话，可以提供即时的心理援助和危机干预。您可以拨打当地的紧急救援电话或咨询相关机构了解可用的热线电话号码。大连市的 24 小时心理援助热线：0411-84689595。

亲友支持：与亲近的人分享您的感受和困扰，让他们了解您的处境。他们可以提供情感上的支持和理解，帮助您渡过难关。

在线资源：有许多在线平台和社交媒体群组提供心理健康支持和信息。您可以寻找相关的资源，与其他有类似经历的人交流，并获得专业的建议和指导。

自我照顾：在寻求专业帮助的同时，也要注重自我照顾。尝试保持规律的作息时间、健康的饮食习惯和适度的运动。这些可以帮助改善心理健康，并增强应对困境的能力。

请记住，每个人的情况都是独特的，因此建议您根据自己的情况选择适合的救助途径。重要的是不要独自承受这种困境，与他人分享并寻求专业帮助是走出这一困境的关键。同时，如果您或他人处于紧急状态，请立即拨打当地的紧急救援电话或前往医疗机构寻求帮助。

治疗篇

74　心理咨询与心理治疗有什么不同？

—— 陈保平

在当今社会，心理健康问题越来越受到重视，越来越多的人开始寻求心理健康服务。心理咨询和心理治疗作为两种常见的心理健康服务形式，对个体的心理健康和生活质量能够产生重要的影响。然而，对于许多人来说，并不知道这两者之间有什么不同。

（一）让我们先来看看心理咨询与心理治疗的定义

心理咨询：是指专业的心理健康工作者通过与患者进行交流，帮助其解决心理问题、提高心理素质的一种服务形式。

心理治疗：是指通过心理学理论和方法，对心理问题进行诊断、干预和治疗的一种专业治疗形式。

从定义上看，心理咨询和心理治疗在一些关键方面是一致的，并不存在本质上的区别。

1. 两者都遵循在提供心理健康服务时的共同基础和原则。

2. 都强调良好的人际关系氛围。

3. 它们都基于心理学的理论体系，如认知行为理论、人本主义、心理动力学等。

4. 心理咨询和心理治疗遵循同样的伦理与原则，包括理解、尊重、保密和促进成长等。不论是咨询师还是治疗师，都应该尊重来访者的权利和隐私，保持理解和同理心，并以促进其心理成长和健康为目标。

5. 从职业成长过程讲，咨询师和治疗师的培训过程是一样的，对咨询师和治疗师的要求是一样的，咨询师和治疗师在咨询过程中遵循的原则也没有区别。

6. 在很多发达国家的定义里，心理咨询和心理治疗没有区别。

（二）在我国，心理咨询和心理治疗有什么区别

1. 一个是主体不一样，从事心理咨询的咨询师多是教育机构、社会心理服务机构取得心理咨询师证的专业人员，而心理治疗的主体是精神专科医院的医务人员和在医院工作取得心理治疗师证的专业人员。

2. 二个区别是心理咨询服务对象多是正常有心理问题的群体，而心理治疗针对的是诊断为心理疾病的群体。

3. 三是工作地点也有不同，心理治疗需要在医疗机构进行。

心理咨询与心理治疗的不同多是由法律和规范所定义。非常适合我国目前心理咨询发展晚，心理咨询行业还不够规范专业，可以充分保证那些潜在的有精神疾病的来访者能得到及时的医疗诊治。

（三）关于心理治疗与心理咨询，还有两个问题需要讨论

1. 一个问题是心理咨询师可不可以给有精神疾病的人进行心理咨询？这个我们需要看看法律是怎么规范的：《中华人民共和国精神卫生法》第二十三条规定，心理咨询人员不得从事心理治疗或者精神障碍的诊断、治疗。心理咨询人员发现接受咨询的人员可能患有精神障碍的，应当建议其到符合本法规定的医疗机构就诊。我们看到，卫生法对咨询人员的限制是不得进行精神障碍的诊断治疗，需要建议当事人到医疗机构就诊，并没有限制对精神障碍的人进行心理咨询。根据法无禁止即可为的原则，心理咨询师是可以对有精神障碍的群体进行心理咨询，但是对于疾病的部分，需要建议到医疗机构进行诊治。

2. 另一个问题是，心理咨询有没有治疗作用？如果咨询师和治疗师接受的理论培训是一样的，工作中需要遵循的原则是一样的，又由于精神障碍背后都有很多心理因素，随着这些问题得到解决，精神障碍都是可以得到缓解甚至好转的。但是咨询不可以把治疗当作工作目标。这是和心理治疗不一样的地方。

75 精神科药物一定要终身服用吗？

—— 张晓南

【案例】

薇薇，女，16 岁，高二学生。半年前开始经常请假不去上学，总说头晕、头痛，疲劳，记忆力下降，注意力不集中，学习成绩下降；控制不住想发脾气，经常与父母发生争执，没有食欲，多梦，哭泣，有时会用刀片划伤手腕。某日孩子彻底不想去上学了，家长心急如焚，带其到医院看心理医生，经评估后诊断抑郁症。然而父母希望医生不要给她开药，担心药物会有依赖性，吃一次就要吃一辈子。

【问题】

● **精神科药物一定要终身服用吗？**

（一）答案当然是不一定，精神科药物使用应根据患者的具体情况制订个体化治疗方案。综合考虑患者的疾病类型、病情特点、经济条件等因素进行合理选择。不同疾病种类药物治疗的时间是不同的，同种疾病首发与复发治疗的时间也是不同的，通常复发次数越多，用药时间越长。

（二）精神疾病具有病程长、疗效慢、复发率高的特点，目前药物是主要的治疗方式之一，擅自减量或停药必然会导致病情加重或复发。以抑郁症为例，抑郁症的复发率为72%，服药依从性为影响抑郁症复发的首要因素，一般认为维持治疗时间倾向至少2~3年，复发3次或以上主张长期维持治疗。绝大多数抗抑郁药、抗精神病药、心境稳定剂、非苯二氮䓬类抗焦虑药等药物都不具有依赖性或成瘾性，长期服用也不会依赖上瘾，少数具有成瘾性的药物在医生的指导下使用，也是安全的。之所以会有关于依赖性的各种传闻，是因为擅自停药的人太多了，很多患者感觉自己状态已经稳定了就停药，停药后复发，就会感觉自己对药物产生了依赖性。但复发不是药物依赖性造成的，而停药是直接原因，病情的反复发作无疑影响治疗效果，甚至导致终身服药。

（三）因此，当孩子在精神专科医院被确诊精神心理疾病，医生会根据病情选择治疗方案，家长千万不要因为担心药物依赖而拒绝治疗，耽误了孩子的最佳治疗时间，影响预后。早发现、早治疗一定是最佳选择，尤其是首次发作，经过专业系统的治疗，会帮助孩子尽快回归正常生活，减少用药维持时间。即便孩子病情复发，需要长期维持治疗，也不要为此悲伤难过，更没必要觉得孩子这辈子就没希望了。孩子病情稳定后，在医生指导下只需要小剂量服药就可以预防复发。

（四）最后，希望家长们客观地看待精神科药物的使用，相信科学、相信医生，为孩子的早日康复共同努力。

76 什么是动物疗法？

—— 姜琳

【案例】

小安，女，16岁。从小听话懂事，凡事喜欢为他人着想，老师同学都很喜欢她。但最近她越来越安静了，不愿与家人说话，也不出门，放学回家就把自己关在房间里，家人问几句就发脾气。起初，家人以为只是青春期，后来老师联系家长反映孩子在学校经常偷偷哭泣，不与同学交往，学习成绩也一落千丈。家人带她去看医生，在了解小安的情况后，真的为抑郁症。当询问有什么办法可以帮孩子打开封闭的心门，医生开出了一个特别的处方：养宠物。养小动物也能治病吗？

【问题】

◉ 什么是动物疗法？

动物疗法也称为"宠物心理疗法"，是一种通过饲养动物的方式进行的心理治疗方法，通常作为心理治疗的辅助手段或准备步骤。动物辅助治疗是以动物为媒介，通过人与动物的接触，而使病弱或残疾个体身体状况得到改善或维持；或者使个体的心理状况通过有动物参与的活动，加强与外界环境的互动，进而能适应社会的、一种以目标为导向的干预方法。

有研究表明：长期与动物相处能够降低血液中胆固醇水平，减少患上心脏病概率和增强免疫系统功能；还可以降低病患体内的"压力激素"皮质醇，有效缓解患者身体对精神和心理压力的反应。

通过观察宠物和触摸宠物，人的大脑不仅会做出积极的反应，还会同时释放催产素和内啡肽，催产素可以让人产生爱、信任以及亲密的感觉，通常被叫作"爱情荷尔蒙"，而内啡肽可以减轻压力、缓解焦虑，甚至可以减轻疼痛，通常被叫作"幸福激素"。此外，与宠物接触和互动，还可能出现多巴胺与血清素，这些激素也能让人们获得幸福感。

动物辅助疗法已被用于治疗自闭症、认知症、焦虑症及抑郁症患者中。

任何能接受训练并能通过考核的动物都可以成为动物医生。如猫、狗、马、大象等都能够成为动物医生。海豚被用来治疗唐氏综合征、孤独症等，为对身边环境刺激缺乏反应的患者提供康复治疗等；羊驼常被用来治疗焦虑症、陪伴老人；金鱼、鹦鹉等，被用于治疗紧张型强迫综合征。

狗，尤其与儿童是天生的好伙伴，更容易与他们建立情感连接。不愿意开口的孩子在与狗狗的互动中能够开始表达自己，这表明动物的存在确实能够帮助到在治疗中沉默不语、有表达困难的孩子。此外，动物疗法还被证明可以降低血压、减缓心率，促使身体释放出内源性激素如多巴胺和催产素，这些激素有助于提升心情、缓解压力，进而促进整体的生理平衡。

综上所述，动物疗法通过人与动物的互动，不仅在心理层面上提供支持和安慰，还在生理层面上产生积极的健康影响，是一种备受推崇的健康管理方式。

77 药物副作用真的那么恐怖吗? —— 张晓南

【案例】

果果，女，17岁。患重度抑郁多年，反复出现用刀片划伤自己，有强烈的自杀企图，家长才愿意带她来到心理门诊就医。之所以一直不看医生，是因为全家都认为去医院用药会害了孩子。爷爷奶奶奉行"是药三分毒"，不让孩子看病吃药。父亲母亲认为吃了精神类的药孩子就变傻了，怕耽误孩子学习。果果自己上网看到别人说吃了抗抑郁药会变胖，于是她自己也不愿来看医生。这才一再耽误，差点酿成悲剧。

【问题】

● 药物副作用真的那么恐怖吗?

从案例中可以看出家长们都比较担心药物副作用，以至于很多未开始用药的孩子家长会被这些副作用吓得惊慌失措，为此丧失了治疗的勇气。

● 那我们该如何看待治疗过程中可能出现的副作用呢?

（一）所谓药物的副作用，就是在正常治疗剂量下，出现的与治疗目的无关的反应。当一些轻微副作用出现时，我们不必过于紧张，因为所有的药物在研发、试验、上市过程中，经过了层层把关，确保药物副作用在合理的可控范围内，才被批准生产，最终到患者手中。我们千万不要因为药物的副作用，而忽略了它的治疗作用。这才是发明药物的真正目的。

（二）精神类药物的副作用的确存在。抗抑郁药物（如氟西汀、舍曲林）可能会导致恶心、呕吐、腹泻等胃肠道反应，抗精神病药物（如氯氮平、喹硫平、奥氮平等）可能会导致嗜睡、无力和体重增加。不过，这些副作用只是可能会发生，并不一定会发生。正如每个人的肠胃系统不一样，有人吃乳制品会腹泻，有人吃豆制品会过敏，一种饭消化不良可以换另一种，但饿了就要吃饭，不能

159

不吃饭。同样地，一种药有副作用可以换另一种，但得病了就要吃药，不能不吃药。

（三）药物的副作用通常发生在服药初期、服药后 2～3 个月或者服药后半年，随着用药时间延长，大部分副作用会自行消失。有的副作用只在服药剂量过大时出现，减少剂量也会消失。当副作用出现时，及时与医生沟通，及时调整用药方案，就能摆脱副作用的纠缠。

（四）副作用在某些情况下还能发挥好作用。比如有些抑郁患者晚上睡不着，晚上服用会导致嗜睡的药物，不但抑郁得到了治疗，失眠也会改善；引起发胖的药物，对于伴有神经性厌食的双相障碍患者，也不失为一种正向作用等。这些起了正作用的副作用不但不可怕，反而还有些可爱。

综上所述，精神类药物的副作用只是有概率会发生，并不一定会发生，副作用还有一定概率自行消失。药物的副作用可以通过改变剂量、更换药物来规避；也可以加以利用，由副转正。千万不要因为惧怕副作用而拒绝吃药或者擅自停药，副作用不可怕，耽误病情才可怕。

78　怎么对待多动症孩子的拖拉？ —— 张欢欢

【案例】

　　小爱，8岁，一年级。刚开学几天，老师就投诉小爱上课不专心听讲，总是开小差，东张西望，东摸西搞的，小动作多，上课在书本画画，老师要小爱妈妈回家后好好教育，把小爱妈妈气得咬牙切齿，回家就把小爱狠狠地教育了一番。没几天又接到老师的投诉了。小爱作业总是拖拖拉拉，磨磨蹭蹭，老师布置的作业，小爱到了晚上11点都还没有做完。这孩子怎么这么不省心，小爱妈妈无计可施，最后带小熙来到儿童心理专科咨询。

【问题 1】

⊙ 孩子做作业拖拉是问题吗？

　　一些孩子做作业拖拉是因为从小养成的习惯不好，什么事情经常到最后一刻才去完成，这是我们所谓的"拖延症"，这类现象是要家长在日常生活中进行一定的规则约束，是可以纠正的。另外一些孩子是因为本身的注意力不集中，无法集中做一件事情，经常做事虎头蛇尾，可能是因为"多动症"，这时是需要专业医生进行评估指导的。

【问题 2】

⊙ 多动症的孩子在不同阶段有什么表现及影响？

　　学龄前期的孩子容易转移注意力，似听非听，过分的吵闹和捣乱，多动，到处走，不排队，时刻需要幼儿园老师拉着，也会有明显的攻击行为，不好管理，幼儿园老师多会反映孩子很难管理，经常找家长说教。

　　学龄期的孩子容易转移注意力，不能集中精神，课堂上经常说小话，爱接话，经常东张西望，被周围的事情吸引，学习效率差，不能完成指定任务，作业困难，拖拖拉拉，烦躁，坐立难安，自控力差，难以等待按顺序做事情，甚至会在上课期间离开座位，虎头蛇尾，会有上课分心，课堂学习效率差，作业困难，拖拖拉拉，学习成绩较差，人际交往差。

青少年期的孩子主观上有不安宁的感觉，自控力差，经常参加危险的活动，会有人际交往困难，自信心不足，学习没有动力，据统计，如果不做心理干预，80% 的多动症孩子考不上大学。

【问题3】

当多动的孩子经常做作业拖拉，家长们该怎么办？

学龄前期的孩子：家长要多一些耐心，家长与老师要建立紧密的联系，给予孩子及时反馈，孩子做了对的事情，需要马上表扬或者奖励，做了不对的事情，要立即给予温和的批评。比如如果孩子白天在幼儿园有抢其他小朋友的玩具，要及时给予反馈，如果留到晚上，那么孩子可能早就忘掉了，也就起不到效果。

学龄期和青少年期的孩子：家长与孩子可以提前列任务清单，让孩子把要完成的任务一项一项列出来，让孩子选择先完成哪些，后完成哪些。并提前做好每项任务的计划，提前将任务所需的放到眼前处。再继续将任务分解成一个一个的小任务，将任务分解成若干小任务，后再组装一起。当孩子完成一组任务的时，打钩并及时给予奖励。其次在进行任务拆解，可以设置时间限制，每个小任务设置所需时间或截止期限，与长时间的大目标相比，各种小的短期目标更容易成功。减少外部刺激，给孩子创建一个外部刺激较少的环境，保证孩子不会因为其他的事情而分心。在完成任务期间也要给予适当的娱乐放松、合理的膳食安排、家长的理解和帮助也是必要的。要给予孩子放松的环境。

以上方法在日常生活中任何时候都要进行，效果仍不好，必要时可以找专业医生进行评估，使用相应药物改善。

79　孩子出现心理问题谁来做心理咨询最好?

——陈保平

【案例】

小健，是个学习成绩好，特别听话乖巧的女孩，但是半年前开始突然变得不爱学习，也不喜欢和父母亲说话，成天拿着手机玩游戏，一点小事情就发脾气，父母不知道该怎么办，感觉孩子心理出现了问题，要孩子去医院或者看心理医生。孩子说我没有问题，你们才有问题，你们应该去看看。好不容易劝孩子去做了两次心理咨询，孩子就再也不去了，现在父母不知道该怎么办。

【问题】

● 孩子出现心理问题谁来做心理咨询最好?

（一）普遍认为，谁有问题谁就来做心理咨询。孩子出现了问题，自然是孩子来做心理咨询。对于那些自动寻求帮助的孩子来说，这个当然没有问题。但是，对于那些不想寻求帮助，被父母亲强行带来，或者劝来做心理咨询的情况，我们就需要讨论一番了。

（二）孩子是被强行带到咨询师面前，父母希望通过咨询师的工作，让孩子发生改变。如果咨询师在咨询过程中站在父母的立场去改变孩子，孩子作为来访者也会觉察到咨询师的目的。此时，孩子可能会将咨询师视为父母的替身，把对父母的态度转移到咨询师身上，从而使咨访关系受损，咨询难以正常进行；或者孩子觉察到咨询师的目的后，可能会假装配合咨询师，以"病情好起来"为理由结束咨询关系，实际上是对咨询师和父母的一种抵触。可见，如果咨询师难以关注孩子的感受，咨询就无法顺利进行。有时咨询师会为了获得孩子的信任，完全从孩子的角度出发理解支持孩子，这样又无法完成父母交代的任务，就会左右为难。但也不是说这种情况下孩子不可以做咨询，只是这个过程对于咨询师的要求更多一些。

（三）如果父母选择做咨询，就容易得多。父母是孩子的成长过程中最重要的环境因素。在家庭里，每个人都在影响其他人，每个人的变化都会带来其他人的改变，父母如何互动，如何和孩子互动，自然也会影响孩子，给孩子带来变化。另外，孩子出现问题了，父母想改变的动力最强。只是父母不知道该怎么帮助孩子。通过咨询，父母可以做出对孩子有帮助的事情，可以改善亲子关系，让孩子从"问题"里走出来。

综上所述，咨询并不是简单的谁有问题谁来咨询。咨询的目的帮助来访者更好地觉察自己，发展出更好的能力；改善家庭成员的关系，让家庭有更多的功能。如果有能力解决个人和家庭遇到的困难，就不会用"疾病"来解决问题了。

80 "病"是被关注出来的吗？

— 董晔

【案例】

笑笑，14岁，初二女生。3天前期末成绩出来后较以往下降10名，遂出现心情不好，闷闷不乐，经常掉眼泪，感觉自己付出那么多名次却下降了，十分沮丧、难过，入睡困难，无食欲，吃不下饭，能正常上学和人际交往，"不想成绩的时候一切还算正常"，既往考试前易紧张、失眠，总担心考不好，"医生，我妈说我是抑郁症，她越这样说我越难过"……

【问题】

• "病"是被关注出来的吗？

（一）明白关注是种强化

孩子的考试失利后的心情不好，考前的紧张焦虑，朋友闹别扭后的情绪低落都是我们正常的情绪反应，有些家长认为这些情绪体验是不对的，甚至病态的，这种认知和关注会让糟糕的情绪被无限放大。行为强化理论认为：强化不仅针对行为本身，它还可以影响人的情绪和态度。当我们越关注于心情不好、考前的紧张、考场中的噪音的时候，它们就真的能每时每刻地干扰你的精力。如果你能帮着孩子意识到遇到烦心事就会有相应的情绪反应、考前不是你一个人在焦虑，考场中就会有许多不可预测的情况……它们与你的学习成绩和为人并无太大关系，被你看到的情绪也许便不会再影响你。

（二）利用强化，关注培养

经常有教育学者说：好孩子是被表扬出来的。这也是通过强化理论来培养孩子的自信心和自我效能感，及时鼓励和表扬一个孩子在学习上的优点，让他／她在这个行为上得到奖赏和内心满足，他／她会无意识地喜欢上学习；"我即便考了99分，妈妈仍会盯着那个1分怎么扣的，没有一句表扬"，当孩子在学习上经常被批评指责、得不到及时的认可和表扬的时候，讨厌学习的情绪会慢慢升腾，进而从不愿上学、不想上学到不去上学，有时候，经常性的不恰当的批评会把一些小问题变成大问题。

总之，面对孩子在学习生活中出现的情绪和行为问题，不去过分关注和放大，帮助孩子接受正常时期及非正常时期的情绪反应，把改变的动力交还给孩子，相信孩子会越来越好；如果各种方法你都尝试了，孩子仍然持续地存在这样或那样的问题，作为父母也要反思一下家庭关系，孩子有时会以"患病"来维系家庭功能。总而言之，面对孩子问题是需要父母运用点儿智慧的。